中国重要农业文化遗产系列读本

闵庆文　邵建成　◎丛书主编

ANHUI SHOUXIAN QUEBEI (ANFENGTANG) JI GUANQU NONGYE XITONG

安徽寿县芍陂（安丰塘）及灌区农业系统

张灿强　闵庆文　吕　娟　主编

中国农业出版社

农村读物出版社

图书在版编目（CIP）数据

安徽寿县芍陂（安丰塘）及灌区农业系统 / 张灿强，闵庆文，吕娟主编 . —北京 : 中国农业出版社，2017.8
（中国重要农业文化遗产系列读本 / 闵庆文，邵建成主编）
ISBN 978-7-109-22657-9

Ⅰ . ①安…　Ⅱ . ①张…②闵…③吕…　Ⅲ . ①灌区—农业系统—研究—寿县　Ⅳ . ① S274

中国版本图书馆CIP数据核字（2017）第012955号

中国农业出版社出版
（北京市朝阳区麦子店街18号楼）
（邮政编码 100125）
文字编辑　李　梅
责任编辑　程　燕

北京中科印刷有限公司印刷　新华书店北京发行所发行
2017年8月第1版　2017年8月北京第1次印刷

开本：710mm×1000mm　1/16　印张：13.5
字数：240千字
定价：49.00元
（凡本版图书出现印刷、装订错误，请向出版社发行部调换）

编写委员会

我国是历史悠久的文明古国，也是幅员辽阔的农业大国。长期以来，我国劳动人民在农业实践中积累了认识自然、改造自然的丰富经验，并形成了自己的农业文化。农业文化是中华五千年文明发展的物质基础和文化基础，是中华优秀传统文化的重要组成部分，是构建中华民族精神家园、凝聚炎黄子孙团结奋进的重要文化源泉。

党的十八大提出，要"建设优秀传统文化传承体系，弘扬中华优秀传统文化"。习近平总书记强调指出，"中华优秀传统文化已经成为中华民族的基因，植根在中国人内心，潜移默化影响着中国人的思想方式和行为方式。今天，我们提倡和弘扬社会主义核心价值观，必须从中汲取丰富营养，否则就不会有生命力和影响力。"云南哈尼族稻作梯田、江苏兴化垛田、浙江青田稻鱼共生系统，无不折射出古代劳动人民吃苦耐劳的精神，这是中华民族的智慧结晶，是我们应当珍视和发扬光大的文化瑰宝。现在，我们提倡生态农业、低碳农业、循环农业，都可以从农业文化遗产中吸收营养，也需要从经历了几千年自然与社会考验的传统农业中汲取经验。实践证明，做好重要农业文化遗产的发掘保护和传承利用，对于促进农业可持续发展、带动遗产地农民就业增收、传承农耕文明，都具有十分重要的作用。

中国政府高度重视重要农业文化遗产保护，是最早响应并积极支持联合国粮农组织全球重要农业文化遗产保护的国家之一。经过十几年工作实践，我国已经初步形成"政府主导、多方参与、分级管理、利益共享"的农业文化遗产保护管理机制，有力地促进了农业文化遗产的挖掘和保护。2005年以来，已有11个遗产地列入"全球重要农业文化遗产名录"，数量名列世界各国之首。中国是第一个开展国家级农业文化遗产认定的国家，是第一个制定农业文化遗产保护管理办法的国家，也是第一个开展全国性农业文化遗产普查的国家。2012年以来，农业部分三批发布了62项"中国重要农业文化遗产"，2016年发布了28项全球重要农业文化遗产预备名单。2015年颁布了《重要农业文化遗产管理办法》，2016年初步普查确定了具有潜在保护价值的传统农业生产系统408项。同时，中国对联合国粮农组织全球重要农业文化遗产保护项目给予积极支持，利用南南合作信托基金连续举办国际培训班，通过APEC、G20等平台及其他双边和多边国际合作，积极推动国际农业文化遗产保护，对世界农业文化遗产保护做出了重要贡献。

当前，我国正处在全面建成小康社会的决定性阶段，正在为实现中华民族伟大复兴的中国梦而努力奋斗。推进农业供给侧结构性改革，加快农业现代化建设，实现农村全面小康，既要借鉴世界先进生产技术和经验，更要继承我国璀璨的农耕文明，弘扬优秀农业文化，学习前人智慧，汲取历史营养，坚持走中国特色农业现代化道路。《中国重要农业文化遗产系列读本》从历史、科学和现实三个维度，对中国农业文化遗产的产生、发展、演变以及农业文化遗产保护的成功经验和做法进行了系统梳理和总结，是对农业文化遗产保护宣传推介的有益尝试，也是我国农业文化遗产保护工作的重要成果。

我相信，这套丛书的出版一定会对今天的农业实践提供指导和借鉴，必将进一步提高全社会保护农业文化遗产的意识，对传承好弘扬好中华优秀文化发挥重要作用！

农业部部长
2017年6月

安徽寿县芍陂（安丰塘）及灌区农业系统

序言二

　　自有人类历史文明以来，勤劳的中国人民运用自己的聪明智慧，与自然共融共存，依山而住、傍水而居，经过一代代努力和积累，创造出了悠久而灿烂的中华农耕文明，成为中华传统文化的重要基础和组成部分，并曾引领世界农业文明数千年，其中所蕴含的丰富的生态哲学思想和生态农业理念，至今对于国际可持续农业的发展依然具有重要的指导意义和参考价值。

　　针对工业化农业所造成的农业生物多样性丧失、农业生态系统功能退化、农业生态环境质量下降、农业可持续发展能力减弱、农业文化传承受阻等问题，联合国粮农组织（FAO）于2002年在全球环境基金（GEF）等国际组织和有关国家政府的支持下，发起了"全球重要农业文化遗产（GIAHS）"项目，以发掘、保护、利用、传承世界范围内具有重要意义的，包括农业物种资源与生物多样性、传统知识和技术、农业生态与文化景观、农业可持续发展模式等在内的传统农业系统。

　　全球重要农业文化遗产的概念和理念甫一提出，就得到了国际社会的广泛响应和支持。截至2014年年底，已有13个国家的31项传统农业系统被列入GIAHS保护名录。经过努力，在2015年6月结束的联合国粮农组织大会上，已明确将GIAHS工作作为一项重要工作，纳入常规预算支持。

中国是最早响应并积极支持该项工作的国家之一，并在全球重要农业文化遗产申报与保护、中国重要农业文化遗产发掘与保护、推进重要农业文化遗产领域的国际合作、促进遗产地居民和全社会农业文化遗产保护意识的提高、促进遗产地经济社会可持续发展和传统文化传承、人才培养与能力建设、农业文化遗产价值评估和动态保护机制与途径探索等方面取得了令世人瞩目的成绩，成为全球农业文化遗产保护的榜样，成为理论和实践高度融合的新的学科生长点、农业国际合作的特色工作、美丽乡村建设和农村生态文明建设的重要抓手。自2005年"浙江青田稻鱼共生系统"被列为首批"全球重要农业文化遗产系统"以来的10年间，我国已拥有11个全球重要农业文化遗产，居于世界各国之首；2012年开展中国重要农业文化遗产发掘与保护，2013年和2014年共有39个项目得到认定，成为最早开展国家级农业文化遗产发掘与保护的国家；重要农业文化遗产管理的体制与机制趋于完善，并初步建立了"保护优先、合理利用，整体保护、协调发展，动态保护、功能拓展，多方参与、惠益共享"的保护方针和"政府主导、分级管理、多方参与"的管理机制；从历史文化、系统功能、动态保护、发展战略等方面开展了多学科综合研究，初步形成了一支包括农业历史、农业生态、农业经济、农业政策、农业旅游、乡村发展、农业民俗以及民族学与人类学等领域专家在内的研究队伍；通过技术指导、示范带动等多种途径，有效保护了遗产地农业生物多样性与传统文化，促进了农业与农村的可持续发展，提高了农户的文化自觉性和自豪感，改善了农村生态环境，带动了休闲农业与乡村旅游的发展，提高了农民收入与农村经济发展水平，产生了良好的生态效益、社会效益和经济效益。

习近平总书记指出，农耕文化是我国农业的宝贵财富，是中华文化的重要组成部分，不仅不能丢，而且要不断发扬光大。农村是我国传统文明的发源地，乡土文化的根不能断，农村不能成为荒芜的农村、留守的农村、记忆中的故园。这是对我国农业文化遗产重要性的高度概括，也为我国农业文化遗产的保护与发展指明了方向。

　　尽管中国在农业文化遗产保护与发展上已处于世界领先地位，但比较而言仍然属于"新生事物"，仍有很多人对农业文化遗产的价值和保护重要性缺乏认识，加强科普宣传仍然有很长的路要走。在农业部农产品加工局（乡镇企业局）的支持下，中国农业出版社组织、闵庆文研究员担任丛书主编的这套"中国重要农业文化遗产系列读本"，无疑是农业文化遗产保护宣传方面的一个有益尝试。每本书均由参与遗产申报的科研人员和地方管理人员共同完成，力图以朴实的语言、图文并茂的形式，全面介绍各农业文化遗产的系统特征与价值、传统知识与技术、生态文化与景观以及保护与发展等内容，并附以地方旅游景点、特色饮食、天气条件。可以说，这套书既是读者了解我国农业文化遗产宝贵财富的参考书，同时又是一套农业文化遗产地旅游的导游书。

　　我十分乐意向大家推荐这套丛书，也期望通过这套书的出版发行，使更多的人关注和参与到农业文化遗产的保护工作中来，为我国农业文化的传承与弘扬、农业的可持续发展、美丽乡村的建设做出贡献。

　　是为序。

中国工程院院士
联合国粮农组织全球重要农业文化遗产指导委员会主席
农业部全球/中国重要农业文化遗产专家委员会主任委员
中国农学会农业文化遗产分会主任委员
中国科学院地理科学与资源研究所自然与文化遗产研究中心主任
2015年6月30日

　　寿县，别称寿州、寿春，地处淮河中游南岸，面积2 986平方千米，其中耕地面积178万亩[①]。行政辖25个乡镇，全县总人口137万。

　　寿县是国家历史文化名城，历史上曾4次为都、10次为郡。这里是楚文化的故乡，中国豆腐的发祥地，淝水之战的古战场，素有"地下博物馆"之称。寿县博物馆（寿春楚文化博物馆）珍藏国家一级文物160多件，二、三级文物2 000多件。始建于春秋时期的"天下第一塘"芍陂（安丰塘）、北宋时期的古城墙、古寿春城遗址以及孔庙、清真寺、淮南王墓等为国家级文物保护单位。境内拥有国家4A级风景区2个，是安徽省7个重点旅游城市之一。

　　芍陂，又名安丰塘，位于寿县城南30千米处，为四面筑堤的平原水库。始建于公元前601年，为楚相孙叔敖所建，距今已有2 600多年的历史，与中国古代的都江堰、漳河渠、郑国渠并称为"中国古代四大水利工程"，且早于都江堰300余年。以芍陂水利工程为重大支撑，芍陂及灌区农业系统形成了集芍陂管理、农田灌溉、农业生产、生态保护、文化传承等多种功能于一体的复合型农业生产系统，是人与自然和谐发展的典范；芍陂及灌区农业系统推动和衍生下的寿县文化，是我国楚文化和淮河文化的重要节点，也是具有典型区域特色农耕文化的杰出代表。2015年芍陂及灌区系统因其重要的生态、社会、经济、文化价值入选第三批中国重要农业文化遗产。

本书是中国农业出版社生活文教分社策划的"农业文化遗产系列读本"之一，为广大读者打开一扇了解寿县芍陂（安丰塘）及灌注农业系统这一种重要农业文化遗产的窗口，提高全社会对农业文化遗产价值的认识和保护意识。本书系统介绍了这一重要农业文化遗产的历史、功能、价值以及保护与发展等。全书分为八个部分："引言"简要合作了芍坡及其灌注概括；"沧海桑田：芍陂的创建和修治"，介绍了芍陂的创建与演变历史；"水利丰碑：陂塘灌溉工程的典范"，介绍了芍陂工程的结构、工程科技及多功能价值；"滋养一方：丰美的物产"，介绍了芍陂灌区的生物多样性、多种农业产出和农作知识和技术；"水利文明：一颗灿烂的明珠"，介绍了当地的水神崇拜与祭祀以及用水制度和工程管理；"楚国遗风：地方文化的渊源"，介绍了寿县的地方文化、民风民俗、文学艺术等；"任重道远：保护与发展之路"，介绍了芍陂保护与发展的途径和措施；"附录"部分介绍了遗产地旅游资讯、遗产保护大事记以及全球/中国重要农业文化遗产名录。

本书是在中国农业文化遗产申报文本以及保护与发展规划等的基础上，通过进一步调研编写完成的，是集体智慧的结晶。全书由闵庆文、张灿强、吕娟设计框架，张灿强、闵庆文、吕娟、从维德、程俊华、王斌、李云鹏统稿。本书编写过程中得到李文华院士和谭徐明研究员的指导以及寿县领导和有关部门的大力支持，在此一并表示感谢！

由于水平有限，难免存在不当甚至谬误之处，敬请读者批评指正。

编者

2016年9月

引言 | 001

一　沧海桑田：芍陂的创建和修治 | 007

（一）令尹叔敖，功勋盖世 / 008

（二）水没白芍，名之芍陂 / 011

（三）穿越时空，兴废变迁 / 015

二　水利丰碑：陂塘灌溉工程的典范 | 021

（一）工程系统结构 / 022

（二）水利工程科技 / 027

（三）芍陂多种功能与价值 / 029

三　滋养一方：丰美的物产 | 037

（一）自然生态概况 / 038

（二）丰富的生物多样性 / 040

（三）农耕管理制度与知识 / 043

（四）多种农业产出 / 052

（五）农产品加工 / 064

四　水利文明：一颗灿烂的明珠 | 071

（一）水神崇拜与祭祀 / 072

（二）水利文化传承 / 077

（三）工程管理与用水制度 / 081

五　楚国遗风：地方文化的渊源 | 093

（一）行政沿革 / 095
（二）楚文化 / 097
（三）农事民俗 / 104
（四）舌尖上的寿县 / 109
（五）文学艺术 / 116

六　任重道远：保护与发展之路 | 133

（一）威胁与挑战并存 / 134
（二）可持续发展之路 / 136
（三）保护与发展的能力建设 / 161

附录 | 169

附录 1　旅游资讯 / 170
附录 2　大事记 / 188
附录 3　全球 / 中国重要农业文化遗产名录 / 193

芍陂（quèbēi），位于寿县城南30千米处，为四面筑堤的平原水库。周长24.6千米，面积34平方千米，蓄水量1亿立方米，灌溉面积近6.7万公顷，号称"天下第一大塘"。芍陂始建于公元前601年，距今已有2 600多年的历史，与中国古代的都江堰、漳河渠、郑国渠并称为"中国古代四大水利工程"，且早于都江堰300余年。据《后汉书》和《水经注》记载，芍陂为楚相孙叔敖所建。它的创建也为后来大型水利工程的兴修，提供了宝贵的经验，故有"芍陂归来不看塘"之誉。后因隋朝在此地设置安丰县，又称为安丰塘。1988年，国务院公布其为全国重点文物保护单位。

芍陂始建时面积甚大，汉以来，淠、肥两水源逐渐埋塞，或失道，陂地由外向内逐渐改为田亩，陂面日益减小。今陂北岸孙公（孙敖）祠内，有石刻《古塘图》。据图测其界址，与郦道元《水经注》陂周百二十里之说相仿。楚建芍陂，不但解决了农业生产需要，还有政治上的意义。当时正是楚国势力向东发展，达到淮南境内，芍陂的建成为后来摇摇欲坠的楚国把都城迁到寿春，安居十多年之久奠下了经济基础。

芍陂灌溉的大片良田（赵阳/摄）

芍陂（李云鹏/提供）

芍陂所在地寿县，别称寿州、寿春，位于安徽省中部，淮河中游南岸，八公山南麓，依八公山，傍淮、淠河，地处东经116°27′～117°04′，北纬31°54′～32°40′。东邻长丰县、淮南市，西隔淠水与霍邱县为邻，南与肥西县、六安市的金安区、裕安区毗连，北和凤台县接壤、与颍上县隔淮河相望。

寿县现为淮南市辖县，县人民政府驻地在寿春镇宾阳大道与楚都大道交叉口，距省会合肥市区114千米，全县国土面积2 986平方千米，人口137万人。

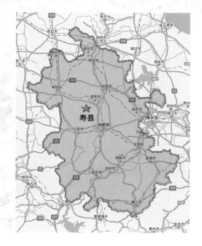

寿县在安徽省的位置

寿县与周边地区的区位关系

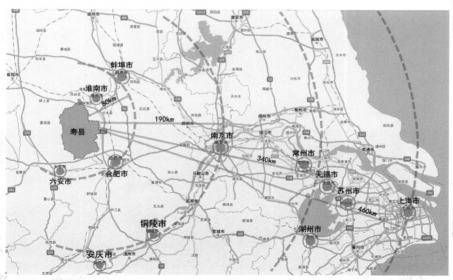

寿县位置图（张龙/提供）

寿县是安徽省最早入选国家历史文化名城的三个城市之一，是楚文化的故乡，境内历史文化遗址、古迹、文物众多。寿县环境优美，是安徽省7个重点旅游城市之一。

2 600多年来芍陂一直是区域农业经济和社会文化发展的基础支撑。寿县是农业大县，农业产值占全县GDP的30%多，是全国粮食生产先进县和生猪调出大县。

国家历史文化名城——寿县（赵阳/摄）

芍陂和周边的农田（赵阳/摄）

鉴于芍陂及灌区重要的历史价值、生态功能和社会经济价值，2015年寿县芍陂（安丰塘）及灌区农业系统被农业部认定为第三批"中国重要农业文化遗产"。

中国重要农业文化遗产——安徽寿县芍陂（安丰塘）及灌区农业系统（县农委/提供）

今日的芍陂依然面临着自然和人为等诸多因素的影响，威胁与挑战并存，如工程保护力度不足、价值挖掘不够、资金投入不足、气候扰动频发等。所以，我们努力做到在加强工程系统、景观、生态保护的基础上，发展生态农业、休闲旅游等，带动周边经济发展，实现芍陂及灌区系统的可持续发展。

一

沧海桑田：芍陂的创建和修治

安徽寿县芍陂（安丰塘）及灌区农业系统

芍陂是我国古代四大水利工程（芍陂、都江堰、漳河渠、郑国渠）之一，是我国最早的大型陂塘蓄水灌溉工程。始建于公元前6世纪，由楚国令尹孙叔敖主持修建，至今已持续发挥灌溉效益2 600余年，比战国时期修建的都江堰和战国渠都早300多年，在中国水利史上具有重要地位。芍陂是陂塘蓄水灌溉工程的典型代表，其选址科学、布局合理、设计巧妙，充分利用了地形地势和当地水源条件，利用地势落差围埂筑塘，蓄水积而为湖，用于农业灌溉，以达到除水害、兴水利的作用。芍陂灌区也因此成为区域主要的粮食生产基地，为区域政治、经济、文化、军事的发展发挥着持续而重要的支撑作用，为寿县历史上4次称都、10次为郡提供了坚实的物质基础与历史文化氛围。

（一）

令尹叔敖，功勋盖世

据记载，芍陂是春秋时期楚庄王十六年至二十三年（公元前598—前591年）由孙叔敖主持创建。孙叔敖（约公元前630—前593年），春秋时期（公元前770—前476年）楚国期思（今河南淮滨期思）人，当时的政治家、军事家和水利家。初为楚国大夫，楚庄王时官至令尹（相当于宰相）。他任令尹后，施政教民，使得官民之间和睦同心，风俗淳朴；执政宽缓不苛却有禁必止，官吏不做奸邪之事，民间也无盗贼发生。汉代大史学家司马迁把孙叔敖列为《史记·循吏列传》之首，称赞他是一位奉职守法、善施教化、仁厚爱民的好官吏。

孙叔敖十分热心水利事业，主张采取各种工程措施，"宣导川谷，陂障源泉，灌溉沃泽，堤防湖浦以为池沼，钟天地之爱，收九泽之利，以殷润国家，家富人喜。"他积极辅佐楚庄王发展生产、整顿内政，集中权力、改革军事，组织人民在楚国境内兴水利，大大改善了当地的农业灌溉条件，显著提高了粮食生产能力，为楚庄王称雄列国提供了物质保障。芍陂是其主持修建的最重要水利工程。

《史记·循吏列传》

司马迁

太史公曰：法令所以导民也，刑罚所以禁奸也。文武不备，良民惧然身修者，官未曾乱也。奉职循理，亦可以为治，何必威严哉？

孙叔敖者，楚之处士也。虞丘相进之于楚庄王，以自代也。三月为楚相，施教导民，上下和合，世俗盛美，政缓禁止，吏无奸邪，盗贼不起。秋冬则劝民山采，春夏以水，各得其所便，民皆乐其生。

庄王以为币轻，更以小为大，百姓不便，皆去其业。市令言之相曰："市乱，民莫安其处，次行不定。"相曰："如此几何顷乎？"市令曰："三月顷。"相曰："罢，吾今令之复矣。"后五日，朝，相言之王曰："前日更币，以为轻。今市令来言曰'市乱，民莫安其处，次行之不定'。臣请遂令复如故。"王许之，下令三日而市复如故。

楚民俗好庳车，王以为庳车不便马，欲下令使高之。相曰："令数下，民不知所从，不可。王必欲高车，臣请教闾里使高其梱。乘车者皆君子，君子不能数下车。"王许之。居半岁，民悉自高其车。

此不教而民从其化，近者视而效之，远者四面望而法之。故三得相而不喜，知其材自得之也；三去相而不悔，知非己之罪也。

孙叔敖虽贵为令尹，功勋盖世，但一生清廉简朴，多次坚辞楚王赏赐，家无积蓄，临终时连棺椁也没有。他过世后，其子穷困仍靠打柴度日。孙叔敖的高尚品格，备受后人赞誉。中国戏剧始祖、楚国当时的戏

剧表演艺术家优孟，就曾装扮成孙叔敖在楚庄王面前演绎孙叔敖生平事迹，楚庄王为此大受感动，并采取抚恤措施厚待孙叔敖的儿子。

今孙叔敖墓位于湖北省荆州市中山公园东北角江津湖畔、春秋阁旁。其墓碑为清乾隆二十年（公元1757）所立，上刻"楚令尹孙叔敖之墓"。历代文人墨客也因瞻仰孙叔敖墓，写下了不少咏赞的诗篇。

孙叔敖雕像（寿县文广新局/提供）

《智囊上智部·孙叔敖》

【原文】

孙叔敖疾将死，戒其子曰："王亟封我矣，吾不受也。为我死，王则封汝。汝必无受利地！楚、越之间有寝丘，若地不利而名甚恶，楚人鬼而越人禨，可长有者唯此也。"孙叔敖死，王果以美地封其子，子辞而不受，请寝丘。与之，至今不失。

【译文】

春秋时，楚相孙叔敖病得很厉害，临死前告诫他的儿子说："大王屡次要给我封邑，我都没有接受。现在我死了，大王一定会封你。但是你一定不可接受土地肥美的地方。楚越之间有一个地方叫寝丘，偏僻贫瘠，地名又不好，楚人视之为鬼域，越人以之为不祥，可以让子孙住得长久的，只有这个地方。"孙叔敖死后，楚王果然要封其子很好的地方，他的儿子不敢接受，而请求到寝丘去。楚王于是把寝丘封给孙叔敖的儿子。结果一直到汉代，孙姓子孙依然在寝丘立足。

【注释】

①亟：多次。

②名甚恶：寝丘意谓葬死人的荒丘，即坟地，所以说"名甚恶"。

③祺：不祥。

（二）
水没白芍，名之芍陂

芍陂创建于春秋中期（公元前601—前593年）。此时楚庄王统治下的楚国正处于开拓疆土、争夺霸业的关键时期，为巩固淮南地区的统治、发展当地的农业生产、保障楚国稳固的后方粮仓，时任楚国令尹的孙叔敖创建了芍陂水利工程。

作为一项陂塘蓄水灌溉工程，芍陂充分利用了地形地势和当地水源条件，选址科学、设计巧妙、布局合理，完美体现了尊重自然、顺应自然、融入自然的建造理念。

芍陂工程一角（戚士章/摄）

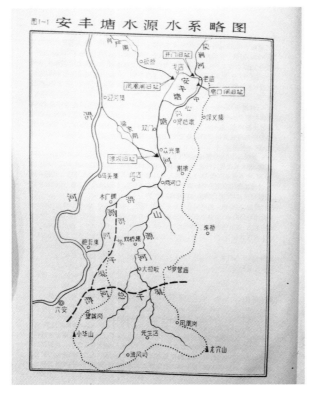

安丰塘水源水系略图（引自《安丰塘志》，张灿强/提供）

芍陂所在的淮南地区位于大别山北麓余脉，东南西三面地势较高、北面地势低洼。由于地处南北气候过渡带，且降水量分布不均匀，芍陂未修筑之前，这里夏秋雨季极易因暴雨引发洪涝灾害，雨季过后又经常发生大面积旱灾。孙叔敖顺应自然法则，因势利导，将东面积石山、东南面龙池山以及西南面龙穴山的山溪水汇集起来，选定淠河之东、瓦埠湖之西、贤古墩之北、古安丰县城南一大片地带，利用地势落差围埂筑塘，蓄水积而为湖用于农业灌溉，达到了变水患为水利的效果。为保障充足的灌溉水源，他还在陂塘西南开凿子午渠，引淠水入塘。因芍陂的地理位置南高北低，陂塘的西、北、东三面还分别开凿五个闸门，以控制水量作灌溉、泄洪之用，水涨则开闸门泄水，水消则闭闸门蓄水。由此，芍陂开始了2 600多年的灌溉历史。

芍陂之名，源于白芍亭，白芍亭在芍陂内，创建年月不可考，陂水围绕着亭积为湖，因此称为芍陂。东晋在此地侨置安丰县，此后芍陂又称"安丰塘"。

芍陂的水源

安丰塘水源古时为山源河和淠水。《水经》中有肥水亦为安丰塘水源之说。1958年，安丰塘纳入淠史杭灌区总体规划后，山源河穿过淠河总干渠百家堰地下涵，至两河口（葛咀）入淠东干渠。引淠水入塘的淠源河下段，今为淠东干渠的一段。淠东干渠自淠河总干渠引水，现为安丰塘主要引水渠道。

一、山源河

山源河古称洞水，源自六安县城东望城岗至龙穴山一线山坡地，由南向北，细流归总于大桥畈，北流经双桥集（古名朱灰革）至两河口汇淠源河，再北流经众兴集、双门铺、至瓦庙店入安丰塘。从源头至两河口名为山源河，全长36千米，集水面积390平方千米。

二、淠水源

淠河古名沘水，是淮河南岸重要支流之一，发源于大别山北麓，全长253千米，流域面积6000平方千米。淠河流经寿县境河段长59千米，东距安丰塘11～16千米。安丰塘初建时，山源河流量小，不能满足安丰塘的蓄水灌溉要求。楚国人民又开挖了一条淠源河（古名子午渠），引淠河水入塘，开辟了安丰塘的第二条水源。1958年开发淠河灌区后，淠源河被木北分干渠截断，引水口随之淤闭。淠源河下段成为新开的淠东干渠一段。淠东干渠从六安城北九里沟引淠河总干渠水入塘，成为安丰塘主要引水渠道。淠源河不复存在。

三、肥水源

肥水即今东淝河，源于江淮分水岭北麓，北流至白洋店以下至钱家滩一段称瓦埠湖。钱家滩以下经东津渡、寿县城化至河口入淮河，全长152千米。

肥水为安丰塘之源始见于《水经》，原文记载："肥水出九江成德县广阳乡西，北过其县西，北入芍陂"然而对于《水经》的这一记载，北魏郦道元在注释《水经》时已经更正，他在"北入芍陂"下注："肥水自荻丘北迳成德县故城西，王莽更之曰平阿也，又北迳芍陂东，又北迳死虎塘东，芍陂渎上承井门，与芍陂更相通注"。故"经"（《水经》）言入芍陂也。郦道元在这里明确指出，肥水"北迳芍陂东"，通过芍陂井宇门下的芍陂渎，与芍陂更相通注，而未言"北入芍陂"。此后的史书、地理著作，以及明、清时期的安丰塘碑记、《芍陂纪事》等，均未有肥水为安丰塘水源的记载。《水经》成书之前，是否有切岗引河存在，以后因自然变化而湮塞？待考。

资料源自《安丰塘志》

天下第一塘（赵阳/摄）

　　芍陂建成以后，灌溉了淮南淮北广大地区，改变了当地无雨则旱、多雨则涝的局面，使这一带很快成为主要产粮区，既满足了楚庄王开疆拓土对军粮的需求，也在一定程度上促进了楚国的政治稳定和经济繁荣。赖于芍陂产生的巨大灌溉效益，楚庄王之后，淮北淮南一带逐渐成为楚国继江汉地区之后的又一个经济政治中心，春秋末期这里已形成了早期比较繁荣的城市——寿春。三百多年后的战国时期，楚国在被秦国打败丧失江汉根据地后，楚考烈王随即于公元前241年迁都寿春以延续楚国统治。修筑芍陂给寿春及淮南地区带来的富庶繁华境况足可见一斑。

　　孙叔敖创建芍陂，是其加强江淮地区经营、发展农田灌溉水利的一项重要政治举措，其出发点主要是为楚庄王称霸提供强有力的物质保障。但同时，也从一个侧面反映了水利工程对政治经济发展的重要作用，印证了古代中国倡导"善治国者必先治水"的道理所在。

寿州古城新姿（赵阳/摄）

（三）
穿越时空，兴废变迁

　　战国至西汉，未见有修治芍陂的记载。西汉末年战乱频繁，芍陂失修。东汉建初八年，庐江太守王景主持对芍陂进行修治，灌田万顷，境内丰给。曹魏屯田时，芍陂得到了很好的修治。曹操之后，魏王芳正为了扩大与孙吴作战的供需，派将领邓艾"广田蓄谷"。邓艾十分重视发挥芍陂的作用，在芍陂北堤开凿大香门，开渠引水，直达城濠，以增灌溉，通漕运。邓艾修治芍陂后，芍陂的灌溉面积逐渐扩大，陂周一百二十里，寿春成为当时淮南淮北的重要产粮中心。

安丰塘志（张灿强/提供）

西晋立国以后，曾对芍陂进行过治理。几十年后出现了南北对峙局面，地处淮河之滨的芍陂，受南北割据连年战争的影响，无人治理，灌溉效益锐减。齐至梁、陈期间，征伐不息，门阀士族横行，人民流离失所。这一时期的芍陂更是连年失修。豪门贵族乘机侵占塘内滩地，建房垦田，占垦之弊自此而始。

隋开皇十年，赵轨对芍陂进行了整修，将6座水门改建为36座，放水口门以下渠道总长约390千米，最长的渠道约30千米，灌溉面积恢复到五千余顷。唐肃宗上元年间，在寿州设置芍陂屯，获利颇丰，灌溉面积曾达到万顷。唐末至五代，战祸连年，社会动荡，芍陂埂堤崩塌，水渠淤塞。宋仁宗年间，安丰知县张旨劝募富民捐粮济贫，征集贫民疏浚引水渠道，筑堤防御洪水，整修放水口门和灌溉渠道，使芍陂一度得到复兴。宋朝末年金人南侵，战火又起。引淠水入塘的渠道逐渐淤塞，山源河水量小且不平衡，随水入塘的泥沙日益增多，造成塘内严重淤积，大大削弱了芍陂的灌溉作用。

元代专门在芍陂设有"屯田万户府"，才又使芍陂的灌溉能力有所恢复。明代嘉靖年间，赵轨所开36水门保存完好，灌溉渠道累计总长为391.5千米，其中最长者达30余千米。但是由于芍陂上游水土流失，黄河夺淮又使芍陂泄水沟道被淤，加快了芍陂的淤塞，再加上豪强奸民在上游拦坝筑水，使得侵塘垦田之风愈演愈烈，隆庆年间芍陂已被侵占过半，万历年间芍陂塘面只剩下十分之三，其余皆被垦占为田。万历十年（1582），寿州知州黄克缵驱逐占垦户四十余户，将所开百余顷田地恢复为水区，并且立东、西界石志之。此举虽然没能恢复"孙公之全塘"，但是却煞住了占塘之风，使"百里"塘，得留"半壁"。

有关芍陂修缮的诗文

安丰张令修芍陂

【宋】【王安石】

桐乡振廪得周旋，芍水修陂道路传。

日想僝功追往事，心知为政似当年。

鲂鱼鲅鲅归城市，粳稻纷纷载酒船。

楚相祠堂仍好在，胜游思为子留篇。

和王介甫寄安丰知县修芍陂

【宋】【陈舜俞】

雩娄陂水旧风烟，可喜斯民得繼传。

万顷稻粱追汉日，五门疏凿似齐年。

才高欲献营田策，公暇还来泛酒船。

称与淮南夸好事，耕歌渔唱已相连。

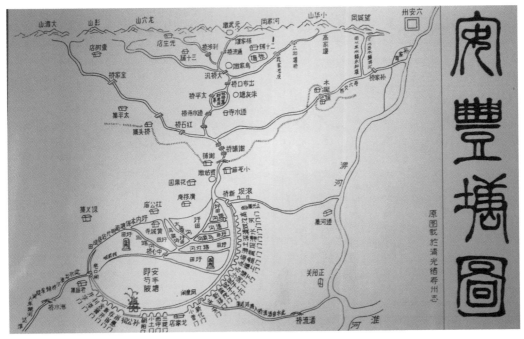

安丰塘图（原图载于清光绪寿州志）（闵庆文/提供）

清康熙三十年（1691），寿州司马颜伯珣先后七年修治芍陂，将36门改为28门，灌溉面积曾达到五千余顷。雍正九年（1731），寿县知州饶荷禧集合环塘士民的建议，创建了众兴滚水坝，修建了凤凰、皂口两闸。清代光绪年间，淠源河湮塞，涧水成为芍陂的主要水源，芍陂被占垦现象更加严重，陂周只存25千米，灌溉面积只剩一千多顷。至清代末年，人稠地满，塘内淤积之地，皆垦为田，塘内洼地变成畜牧之所。

20世纪20年代末期，芍陂灌溉面积仅有4 000多公顷。1936—1937年，安徽省水利工程处先后开始疏浚淠源河、培修塘堤工程，将芍陂灌溉面积增至1.3万公顷。到1949年左右，因8年抗日战争等原因，芍陂的灌溉面积又降到了5 300多公顷。

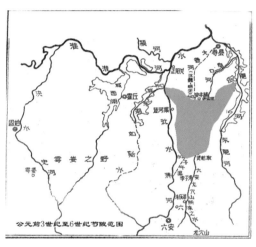

公元前3世纪至6世纪芍陂范围

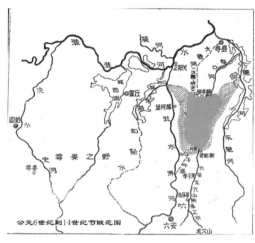

公元6世纪到14世纪芍陂范围

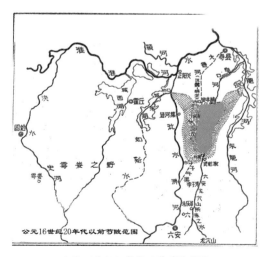

公元16世纪20年代以前芍陂范围

公元16世纪中期前芍陂范围

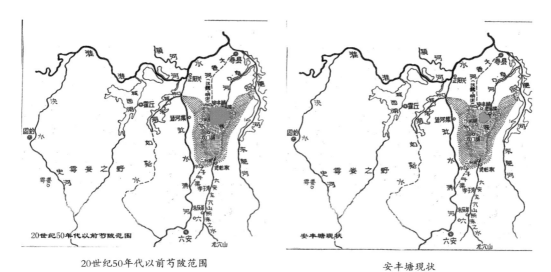

20世纪50年代以前芍陂范围　　　　　　安丰塘现状

历代芍陂变迁图（周波/提供）

历史时期芍陂水源变迁

　　水源是芍陂存废及其灌溉功效发挥大小的关键性因素。芍陂史上有淠水、肥水和龙穴山水三源，三者经历了递相兴废的变迁过程。淠水在两汉时为芍陂主源，但乃后淠源泥淤；隋唐时，情况趋劣；宋元时，淠源严重淤塞，并于明前期完全淤废；清末虽有修复淠源之议，但因事艰工巨，终而无果。肥水水道在北魏以后湮塞。龙穴山水从唐代开始，即为芍陂重要水源，惟因其水量有限，加之所经地区人民"决为沟渠"等行为的影响，其来水难以保证芍陂的蓄水和灌溉需求，因而不能从根本上扭转唐宋以来芍陂生态负向变迁的趋势。芍陂水源变化与历史时期地方豪族占陂为田并导致陂塘的萎缩，在时间上具有一致性，表明水源的日益衰微导致陂塘蓄水不足，给豪势之家占陂为田提供了可乘之机，这是芍陂衰微的根本原因。

　　资料来源：陈业新.历史时期芍陂水源变迁的初步考察，《安徽史学》2013年第6期

新中国成立后，安丰塘被列入淠史杭灌区建设总体规划，成为一座中型反调节水库。自1950年以来，国家和地方先后投资投劳，对安丰塘进行了8次大规模治理、整修和加固。1952—1953年，投入沿塘民工近万人，增培堤坝、填补缺口，使堤顶高程达28.50米，蓄水量达到3600万立方米；1954—1955年投入3万民工修复1954年洪水破坏的堤坝，完成土方50万立方米，蓄水量达到4 000万立方米；1957—1958年，投入3万民工培修塘堤，实施塘堤改建和加固，使堤坝高程达29.5米，新筑堤坝20千米，加固堤坝5千米；1963—1965年，兴建块石护坡，续做塘堤工程，完成块石护坡4.2万立方米，护坡长度1.5万米，完成土方105万立方米；1976—1977年投入民工11万人，农用机动车100多辆，平板车3 000多辆，船只400多吨位，国家投资114.6万元，寿县投资20万元，兴建块石护坡及浆砌块石防浪墙，总投工量117万工日，完成块石护坡6.6万立方米，护坡长度23.9千米，完成浆砌块石防浪墙4万立方米，蓄水位提高到29.50米，蓄水量达8 400万立方米；1988—1989年，进行除险加固，国家投资243.52万元，全部拆除原干砌块石护坡，选用大块石、浆砌石和混凝土重建；1998—2001年进行除险加固，国家投资800万元，兴建混凝土护坡和浆砌石防浪墙，完成土方24.98万立方米，石方1.01万立方米，混凝土0.75万立方米；2006年国家批复安丰塘水库除险加固工程概算总投资10 195万元，主要建设内容为：堤身加培土方、堤身锥孔灌浆、砼护坡工程、防浪墙工程、新（重）建及维修进出水闸、重建及维修放水涵闸及堤顶新修防汛道路等工程项目，目前，工程正在实施，水库蓄水和防洪能力进一步提高。

衬砌护坡，加固分支渠（叶超/提供）

水利丰碑：陂塘
灌溉工程的典范

二

安徽寿县芍陂（安丰塘）及灌区农业系统

芍陂水利工程系统是芍陂及灌区农业系统这一重要农业文化遗产的核心构成和基础支撑，主要包括蓄水工程、塘堤水门、灌排渠系及配套设施、排洪工程四大部分。历经2 600多年的风雨历程，芍陂至今仍造福社会，在灌溉、防洪、除涝、水产、航运等方面发挥着重要作用。

（一）
工程系统结构

1. 蓄水工程

蓄水陂塘是蓄水灌溉工程体系的核心。芍陂位于寿县中部，淠河与东淝河之间，东与瓦埠湖相望，西与淠河相邻。塘的南部是绵延起

陂堤（张灿强/摄）

伏的龙穴山和小华山，属丘陵岗区，塘的北部是平原。芍陂利用局部洼地建堤蓄水，灌溉周边尤其是北部农田。芍陂现堤长26千米，水域面积3 400公顷，堤顶高程为30.5～31.0米，顶宽4～8米，塘底高程为26.0～27.5米，设计蓄水位29.50米，设计库容8 400万立方米，校核洪水位29.70米，校核库容9 070万立方米，死水位27.5米，死库容1 723万立方米，兴利库容6 677万立方米，控制流域面积3.90万公顷。

历史时期芍陂的水源主要来自两个方面：一是源于龙穴山至小华山一线控制流域范围内的岗丘之水，呈扇形由南向北汇入山源河，又称涧水；一是引淠河水入塘，自鲍兴集引水，经木厂铺至两河口与山源河汇合后称塘河或濠水，北流经众兴集、双门铺至瓦庙店入芍陂。1958年后修建淠史杭灌区，自淠河总干渠六安九里沟分出淠东干渠，至木厂铺接入淠源河、塘河，成为芍陂主要水源，年平均引水量2.6亿立方米。1978年大旱时，芍陂干涸，上游三座水库空库，还曾在正阳关抽淮水倒引至戈店入陂灌溉。

芍陂水源-淠东干渠（戚士章/摄）

2. 环塘水门

芍陂环堤分布有众多水门，是陂塘进水、放水灌溉和排泄洪水的控制工程，水门的数量和位置随着水源和灌区的演变也不断变化。据《水经注》记载，最初"陂有五门，吐纳川流"。

洑东干渠进水闸－塘口闸（戚士章/摄）

至隋开皇年间，放水口门由5座增加到36座，清康熙年间改为28座，1955年大修时调整为24门，后又有调整。现状环塘共21座涵闸：塘口闸、洪井、大林、鱼苗站、西楼、南场、团结、老庙倒虹吸、老庙、利泽门、新开门、团结门、戈店节制闸、新化门、安清门、新兴门、黄鳝门、祝字门、沙涧门、八大家、陈家门，其中塘口闸是

放水闸（张灿强/摄）

控制洑东干渠进入芍陂的进水闸，老庙是排洪为主的泄洪闸，其他都是灌溉放水闸。

3. 灌排渠系及配套闸坝

芍陂的水从环塘水门放出后，由各级渠系输送至灌区各处农田之内。渠道按输水规模、控制灌溉面积分为分干渠、支渠、斗渠、农渠、毛渠各级，基本都是灌排两用。

分干渠（李云鹏/摄）

芍陂灌区内共有分干渠2条、支渠54条、斗渠151条、灌溉农渠298条，总长678.3千米。渠道上建有分水闸、节制闸、退水闸等配套工程数百座，以及部分排灌站，使灌溉用水及农田排涝完全能够人为调节，保障了灌区旱涝无虞。

斗渠（戚士章/摄）

农渠（李云鹏/摄）

毛渠（李云鹏/摄）

杨西进水闸上口（戚士章/摄）　　　　　　农渠进水闸（李云鹏/摄）

4. 防洪工程

完善的防洪工程是蓄水灌溉工程和灌区安全的基本保障。早在芍陂始建之初，五门中就有两门是泄洪的，此后历代维修，排洪门都是重点工程设施。明成化时还有在陂北堤建四座减水闸的记载。乾隆年间，在引水入塘的塘河右岸建众兴滚水坝。芍陂被纳入淠史杭灌区之后，仍基本保留了历史时期的防洪工程布置格局。

老庙泄水闸的排洪渠道（李云鹏/摄）

现代防洪工程及措施主要包括：淠东干渠入塘之前，在众兴建有分洪闸，上游来水过多时经由杨西分干渠排泄入淠河，这是芍陂防洪安全的第一道屏障；塘堤东北部的老庙泄水闸，汛期塘内水位过高威胁陂塘安全时，由此排入陡涧河。除此之外，环塘东部、南部还有一条中心沟，排泄局部涝水入陡涧河进瓦埠湖。

（二）
水利工程科技

清朝嘉庆年间夏尚忠编写的《芍陂纪事》，相对集中系统地记述了芍陂工程和文化历史，对于时人和后人研究、认识芍陂，具有很高的史料、学术和文物价值。新中国成立后的1986年，中国水利史研究会在寿县召开了"芍陂水利史学术讨论会"，全国有关高等院校、水利史志研究单位的专家、教授共30多人出席会议，出版了《芍陂水利史论文集》。原中国水利史研究会名誉会长姚汉源在《安丰塘志序》中写道："芍陂的古老在我国塘堰水利史上首屈一指，它蕴含着两千多年来无数创建者的智慧，无数劳动人民的血汗，成为中国古老文化的见证之一。"

芍陂工程的规划选址科学合理，充分利用了区域洼地和水系条件，用最小的工程量实现了最大的蓄水和灌溉效益。寿县位于淮河南部、大别山以北，区域地形南高北低，南面六安一带龙穴山等山溪水汇合北流，东西两侧分别为淮河中游两大支流——淝河和淠河。芍陂利用区域洼地，三面建堤蓄积南部山源河水，并开渠引淠水入陂，四周开水门、通渠道，实现了对陂东、西、北三河间所有农田的灌溉，现直接灌溉面积为4.49万公顷。

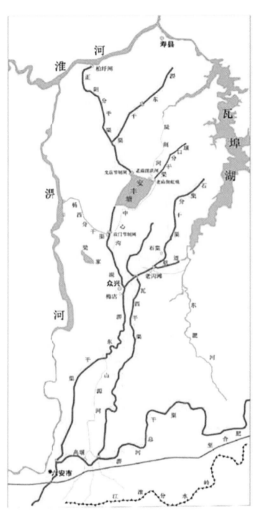

芍陂现状水源及主要水系图（寿县水利局/提供）

一闸控两渠（叶超/提供）

芍陂在历史上是一座引、蓄、灌、排较为完整的陂塘灌溉工程，反映出古代蓄水工程因地制宜的规划智能，通过工程合理布局，在增加蓄水量同时，为农业生产提供尽可能多的耕地，达成了区域人水关系的协调。在中国传统农业社会中具有重要影响，在区域发展史中具有里程碑意义，也是我国水利工程可持续利用的经典范例。芍陂主要由引水渠、陂堤、灌溉口门、泄洪闸坝、灌溉渠道等组成，目前基本保留着19世纪工程格局和运行方式。

芍陂灌区有较为完整的灌溉渠道。古时芍陂灌区内的渠道，史载记载简约。三国邓艾屯田期间，曾有"北临淮甸，南尽芍陂，淤者疏之，滞者导之""堰山谷之水，旁为小陂五十余所"的记载，形成了以芍陂为首，通过放水口门下的渠道，与灌区内塘堰相联结的工程格局。隋代开36门，放水口门以下渠道总长为390千米，最长的渠道多达30千米。嘉靖年间，36门灌溉渠道累计总长为391.5千米，其中最长者达30余千米，最短者为3.5千米；乾隆年间28门，灌溉渠道总长为142千米，其中最长者仅7.5千米，最短者为2千米。民国33年（1944年）夏，安徽省水利工程处提出调整涵门，加宽并增开放水沟渠，退还被占垦的塘堰复为蓄水之所的意见，但因当时处于抗日战争时期而未能实施。1949—1988年，经过40年建设，安丰塘灌区各级渠道总长达651.7千米，在各级渠道兴建的配套建筑物共855座，形成了较为完整科学的灌溉和排水体系。

目前灌区渠系分干、支、斗、农、毛

五级，覆盖整个灌区，各级渠道进水、节制、退水闸等配套工程完善，渠道大都灌排两用，农田缺水时可从芍陂引水送至田间，农田水涝时可通过渠系排出。芍陂设有专门的排洪设施，当汛期来水增多威胁陂塘及灌区安全时，可通过老庙闸、陡涧河排入瓦埠湖，老庙闸底高程及陡涧河河底高程较低，可实现最大的排洪效率。1959年老庙泄水闸改造时曾在此挖出一座汉代堰坝遗址，说明此处一直是芍陂排泄

灌溉水门（张灿强/摄）

洪水的枢纽。

芍陂工程的科学性还体现在其随着自然社会环境变迁而演变的可持续性。芍陂工程体系的组成、规模、位置发生多次改变，陂塘最早有五座水门，随着灌区演变，隋代发展至36门，清康熙时

改建为28门，1955年大修又整合为24门，后又调整为21门。蓄水面积和灌区范围也不断发生变化，见证了区域水资源-农田-社会需求之间的相互影响和演变的历程。

芍陂水库环塘现有各类涵闸34座，其中小型放水涵闸29座，节制闸3座，倒虹吸1座，泄水闸1座。灌区内共开挖分干渠2条、支渠54条、斗渠151条、灌溉农渠298条，总长678.3千米。兴建了一些补给水源的抽水站，形成了塘、渠、闸、站配合运用，大中小工程相结合的灌溉系统。水库年平均引水量2.6亿立方米，为灌区的粮食丰收提供了有力的保障，尤其是大旱之年，仍能保证灌区内人畜用水和农业丰收。流传着"安丰塘下无荒年""塘下熟、寿县足"的美谈。

（三）
芍陂多种功能与价值

芍陂工程体现了高超的水利工程科技水平，除发挥农业灌溉的功能，在防洪、除涝、水产、航运、旅游等方面发挥着多功能，具有重要的社会、生态、经济多重效益。

芍陂建成后，历经战国、秦，至西汉没有灌溉效益的记载。东汉建初八年（公

元83年）王景修治后，使寿县"境内分给"。三国时期，刘馥、邓艾在江淮之间屯田，大兴安丰塘灌溉之利，使寿县一带连年丰收。据《三国志·魏书》记载，"官民有蓄，仓廪丰实"。《读史方舆纪要》称，"沿淮诸镇并仰给于此"。《晋书·食货志》描述了"自寿春到京师，农官兵田，鸡犬之声，阡陌相属"的繁荣景象。

西晋至宋元时期，安丰塘灌溉效益随着工程的兴衰而变化。因此，在历史文献中，对安丰塘灌溉效益的记载数字悬殊很大。晋太和五年（370年）《正淮论》载："龙泉之陂，良畴万顷"。唐大中八年（854年）前，《义昌军节度使浑公神》载："芍陂之水，灌田数百万顷"。

宋朝诗人王安石的《安丰张令修芍陂》中"鲂鱼鲅鲅归城市，粳稻纷纷载酒船"反映了安丰塘当时的灌溉效益。元代在安丰塘屯田颇具规摸，效益也颇为显著。据《元史》记载，元至元二十一年（1284年）二月，"江淮行省言：'安丰之芍陂，可溉田万余顷，乞置三万人立屯'"。元至元二十三年（1286年），正式设立"芍陂屯田万户府"，次年收谷20余万斛。元末，农民起义烽火遍起，安丰塘工程失修，蓄水量减少，造成农作物大量减产。

明清两代，安丰塘工程迭经兴衰。明成化年间，地主豪绅大肆侵塘围垦，塘的蓄水面积日渐缩小。明万历四十六年（1618年），"一百里全塘仅存数十里许"，灌溉效益已微乎其微。清顺治十二年（1655年），对安丰塘进行了维修。是年，别地皆大旱，唯安丰塘地区有收。康熙中期，安丰塘进行了连续7年的修治，灌溉面积达到五千余顷，使明末濒临破败的安丰塘恢复了生机。

民国时期社会动荡，安丰塘工程破损多、修治少。民国十七年（1928年），淠源河淤塞，进塘水量锐减，灌溉面积仅6万～7万亩。此后，虽编制有修治计划，但大部分没有实施。至1949年灌溉面积只有8万亩左右。

新中国成立后至1953年，整修了塘堤，堵复溃口，疏浚淠源河，灌溉面积达到16万亩。1954—1957年，加高了塘堤，挖通了支渠和斗农渠360条，灌溉面积增加到31万亩。1958—1959年，灌溉面积达到60万亩。1962年以后，建成了淠东干渠，年年整修安丰塘，灌区逐步配套，至1989年，安丰塘最高蓄水位已达29.68米，总库容达到9 012万立方米，有效灌溉面积67.4万亩。

史料记载的芍陂灌溉面积

序号	朝代	公元（年）	文献出处	原记载摘录
1	晋·太和五年	370	伏淘《正淮论》	"龙泉之陂，良畴万顷"
2	晋·义熙十二年	416	《宋书·毛修之传》	"芍陂，起田数千顷"
3	宋·元嘉七年	430	《宋书·宗室转》	"芍陂良田万余顷"
4	隋·开皇十年左右	590	《隋书·赵轨传》	"芍陂……灌田五千余顷"
5	唐·仪凤元年	676	李贤《后汉书王景传·注》	"陂径百里，灌田万顷"
6	唐·贞元十九年	803	《通典·州郡·寿春郡》	"陂径百里，灌田万顷"
7	宋·太平兴国八年	983	《太平御览·地部·陂》	芍陂"凡径百里，灌田万顷"
8	宋·熙宁六年后	1073	《宋史·杨汲传》	"芍陂，引汉泉灌田万顷"
9	元·至元二十一年	1284	《元史·兵志·屯田》	"芍陂可灌田万余顷"

引自《安丰塘志》

配套田间灌溉工程，筑建U形渠（叶超/提供）

天下第一塘——安丰塘（张灿强/摄）

二是芍陂工程在减缓气候灾害中的功能。受大陆性季风气候影响，寿县地区降水分布不均，区域多年平均降雨量906.7毫米，但年际变化大、年内分布不均，大部分降水集中在5～9月，且变率非常大。汛期易发洪水，而农作物生长需水的关键节点，则往往没有足够降水甚至发生严重旱情。如2013年自7月8日—8月22日，无降水日达33天，累计降水量仅76.1毫米，较常年同期偏少60%；而同期气象观测累计蒸发量高达209.7毫米，造成极为严重的旱情。芍陂蓄水灌溉工程，通过对水资源时空分布的调控，蓄积非生长期的多余水量，在作物生长期需水的关键节点及时灌溉，维持了灌区生物多样性的延续。芍陂蓄水灌溉工程通过对区域水资源的合理配置，优化了灌区生态系统维系的基础条件，安丰塘因此被农民誉为"幸福塘"。

三是芍陂及灌区系统在旅游开发中的潜力。安丰塘面积34平方千米，常年蓄水深度2.5米。水质清澈，环境清新而幽雅。周边良田万顷、水渠如网；环塘一周绿柳如带；烟波浩淼，水天一色。造型秀雅的碑亭点缀在平波之上，与花开四季的塘中岛相映成趣，构成了一幅蓬莱仙阁图，极具观赏、游玩价值。天象景观有：雨景、雪景、雾景、朝晖晚霞。特别是雾景有着古老的传说，据说在雾天安丰塘上能看见古老的安丰城池，有歇后语"安丰塘起雾——现城"。工程景观资源价值较高，新中国成立后，经过多次的除险加固后，建筑艺术效果较为明显，涵闸全部仿古建筑，塘中建有塘中岛两座，观赏及游玩性较强。文化及其他特色资源丰富，历史遗产孙公祠、江北水利第一舫、安丰城遗址、安丰书院、白芍亭。

远处为塘中岛——北岛（戚士章/摄）

诗文中的芍陂景观

芍陂杂咏

【清】【桑日清】

西风十里藕花香，红蓼滩边鸥鹭凉；

一带长堤衰柳外，家家渔网晒斜阳；

北禽时掠浅滩飞，烟霭苍茫接翠微；

好是轻风人放棹，红莲采得满船归。

夏月自六安舟行还安丰

【宋】【王之道】

滟滟溪流涨渌波，乍晴天气自清和。

露梢抽翠交新竹，风叶翻红飏嫩荷。

水外远山晨雾重，道傍佳树午阴多。

头旋更苦舟摇兀，说与篙师往得麼。

送王克敏之安丰录事

【元】【王冕】

丹墀对策三千字，金榜题名五色春。

圣上喜迎新进士，民间应得好官人。

江花绕屋厅事近，烟树连城野趣真。

所愿堂堂尽忠孝，毋劳滚滚役风尘。

奉诏讨范汝为过宁德西陂访阮大成

【宋】【韩世忠】

万顷琉璃到底清，寒光不动海门平。

鉴开波面一天净，虹吸潮头万里声。

吹断海风渔笛远，载归秋月落帆轻。

芍陂曾上孤舟看，何以今朝双眼明。

四是航运交通。安丰塘的航运始见于三国时期，据《芍陂纪事》记载，邓艾于安丰塘一带屯田时，开大香水门，引塘水达寿县城壕，后又经沘河入淮河，作为运粮之道。宋代，安丰塘的航运呈现"粳稻纷纷载酒船"的景象。《道园古录·刘济墓碑》载，元至元二十四年（1287年），刘济在安丰塘屯田，"凿大渠，自南塘抵正阳，以通运输"。明清两代，在历史文献中，未再见有安丰塘航运方面的记载。

新中国成立后，改善了水源条件，兴建了干、支渠道，增加了安丰塘的航运里程。淠东干渠，迎河分干渠、正阳分干渠均可通航木船和机动船只，南自六安市，北达瓦埠湖淮河。灌区内水路可达阎店、杨仙、双门铺、老庙集、迎河集等大小集镇，通航里程150千米以上，年吞吐量20万～25万吨。

安丰塘全景（寿县文物局/提供）

五是水产养殖。安丰塘水质较好，水草丰茂，适合鱼类生长。1957年寿县成立水产畜牧场，1964年改为寿县安丰塘水产养殖场，1955—

生态养殖（王斌/摄）

1964年，累计采购鱼苗7 244万尾，投放入塘5 916万尾。1965年开始人工繁殖鱼苗试验，当年繁殖白鲢鱼苗30万尾。以后，逐步繁殖鲤、鲫、草等鱼种。1958—1985年，总捕捞量为208万千克，年平均捕捞量只有7.5万千克，1988年捕捞量上升到12万千克。

塘东鱼苗站占地面积2 000亩，主营水产苗种繁育。1995年四大家鱼人繁鱼苗产销首超亿尾；1996年引进异育银鲫繁育成功；1997年进行淮王鱼繁育试验未果；2006年通过市级水产良种场验收；2007年，由于其显著的规模效益和示范带动作用，塘东鱼苗站被省农委渔业局评为省级水产良种场。

在安丰塘灌区形成大水面养蟹、甲鱼生态养殖区、黄鳝生态养殖区和名优鱼类健康养殖区，取得了良好的经济效益和生态效益。

三

滋养一方：
丰美的物产

安徽寿县芍陂（安丰塘）及灌区农业系统

　　灌区位于芍陂工程的北部地区，本区内地势平坦，土壤肥沃，质地适中，适耕期长。区内生物多样性丰富，种植业历史悠久，源远流长，宜于多熟制间套种，栽培有多种粮经作物和蔬菜品种。在长期的劳动实践中，港区积累了丰富的传统知识与技术体系。八公山豆腐、板桥席草等特色物产也享誉国内外。

（一）
自然生态概况

　　芍陂灌区农业系统地处淮河流域中段南侧，为华北气候区、华中气候区的过渡地带，属亚热带北缘季风性湿润气候类型。各主要气候要素的变化均呈单峰型，冬夏长，春秋短，四季分明的特点。冬季，淮河、淠河等河间有结冰；春夏秋受长江中、下游温和湿润气候影响，又有江淮分水岭的阻隔，气候要素呈现出地温高于气温的特点。雨量北少南多，气温北低南高，易旱易涝，淮湖洼地渍涝年有发生。寿县年平均气温14.8℃，极端最高气温为41℃，极端最低气温为−18.1℃，无霜期213天，地区光照充足，年日照时数2 298小时；年平均风速3.3米/秒，盛行偏东风。年平均降雨量906.7毫米，年际变化大，年内分布不均，雨季集中在5～9月，年均蒸发量892毫米。芍陂未修筑之前，这里夏秋雨季极易因暴雨引发洪涝灾害，雨季过后又经常发生大面积旱灾，灾害性气候严重影响了农业生产的稳定性。

芍陂灌区的主要土壤类型有黄褐土、潮土、砂浆土、石灰（岩）土、紫色土、水稻土6个土类，其中包括12个亚类24个属，79个土种。以水稻土、黄褐土面积最大，分别占总数的69.58%、16.84%，土壤肥力中等。

芍陂灌区属北亚热带落叶阔叶林与常绿针叶林混交地带，原天然植被已不复存在，现主要植被为人工栽植的阔叶林、针叶林、针阔混交林和经济林，另有少量阔叶次生林。

芍陂的灌溉范围包括寿县下辖的堰口镇、窑口镇、寿春镇、双桥镇、涧沟镇、丰庄镇、正阳关镇、板桥镇、安丰塘镇、陶店回族乡、八公山乡共11个乡镇和保义镇的塘郢、大林2个村，以及寿西湖农场，共13个乡镇和地区、114个行政村，北纬32°08′～32°40′、东经116°27′～116°53′，农田灌溉面积4.49万公顷，涉及国土面积10.60万公顷。

灌区位于芍陂工程的北部地区，延干渠、支渠、毛渠等灌溉渠系呈叶脉状辐射开来。整个灌区按地形地貌可分为中部平原区、沿淮湾区和沿淠湾区。

中部平原区地貌特征以平原为主，岗塝冲不明显，一般海拔在26米左右，最高海拔32米，最低海拔20米，以粮经作物水稻、小麦、油菜种植为主，易涝区域以水生植物和水产养殖为主。

沿淮湾区位于灌区西北部，淮河中游南岸，呈条带状东西走向，一般海拔20米，最低海拔17.5米，最高海拔24米，主要土类为潮土类黄潮土亚类。本区域以旱地为主，农作物种植以小麦大豆轮作为主，排灌条件好的区域进行小麦、瓜类、玉米、花生间作套种。

沿淠湾区位于灌区西部，淠河东岸，隔淠河与霍邱相望，南自裕安区马头集北部，北至县境正阳关镇南部，呈条带状分布。一般海拔18米，最低海拔15米，最高海拔21米，主要土类为潮土类灰潮土亚类。本区内地势平坦，土壤肥沃，质地适中，适耕期长，宜于多熟制间套种，栽培有多种粮经作物和蔬菜品种。灌区内村镇散星状分布其间，道路、灌渠水系、村镇、田块构成一幅农业景观画面。

（二）
丰富的生物多样性

1. 农业生物多样性

据《寿县土壤志》（1985年编）、《寿县志》记载，芍陂灌区有木本植物35科52属90个种，药用植物46科274种，草本植物57科500余种，栽培植物100余种，大宗农作物40余种。

灌区的农业生物多样性

类别		种类
粮食类		小麦、水稻、大麦、玉米、大豆、高粱、泥豆、黑豆、蚕豆、荞麦、豇豆、绿豆、豌豆、小红豆、山芋（红薯）
油料类		油菜、芝麻、花生、黄豆、蓖麻子、向日葵
纤维类		棉花、红麻、苘麻
木类	建材类	松、柏、刺槐、国槐、椿树、麻栎、泡桐、法梧、山槐、合欢、榆树、楝树、青桐、乌桕、白杨、红槺树、白柳、檀树、水杉、冬青
	经济类	木槿、荆条、杞柳、桑树、茶树、竹子
	果实类	枣、梨、苹果、核桃、樱桃、桃树、杏树、柞树、梅树、石榴、柿树、银杏、葡萄、棠梨、枸杞、丁香树
瓜类		冬瓜、西瓜、南瓜、白瓜、菜瓜、绞瓜、包瓜、黄瓜、丝瓜、香瓜、葫芦、瓠子、甜瓜、苦瓜、西葫芦
菜类	家种	白菜、菠菜、芹菜、苋菜、韭菜、葱、蒜、辣椒、茄子、番茄、莴苣、萝卜、甜菜、藕、姜、豆角、蘑菇、木耳、扁豆、刀豆、马铃薯
	野生	小蒜、芥菜、马齿苋、地踏皮、蒿根、公鸡尾、杨芥棵、地豆子、竹梢、薇薇菜、老鸹嘴、苦菜、铁练草、刺苋菜

续表

类别		种类
草类		兰草、巴根草、莠稗、茵草、芦苇、荻柴、浮萍、塘草、水花生、狗尾草、黄蒿、老鸹筋、毛草、紫秆艾、涝豆子、拉拉藤、水浮莲、牛舌草、萁草
花类	木本	夹竹桃、玫瑰、牡丹、腊梅、紫荆、百日红、木香、丁香、蔷薇、芙蓉、栀子花、月季、金银花
	草本	芍药、菊花、鸡冠花、金盏花、步步高、莲花、吊兰、海棠
药类		半夏、白芷、白芥子、白芍、枸杞子、杏仁、胡桃仁、紫苏、薄荷、大青叶、韭菜子、芒硝、皂角、柴胡、牡丹、香草子

灌区即将成熟的水稻（张灿强/摄）

2. 水生生物多样性

芍陂水利工程的水生生物包括浮游生物、底栖生物、水生维管束植物以及鱼类。

（1）浮游生物：浮游生物分浮游植物和浮游动物。安丰塘浮游生物含量不丰。夏秋季节，浮游植物含量为190万个/升，生物量为0.2255毫克/升，分蓝藻门、绿藻门、硅藻门、甲藻门、金藻门、裸藻门、黄藻门等7门，50属。浮游动物309个／升，生物量为42.0326毫克/升，分原生动物、轮虫类、枝角类、桡足类4类，27种。

（2）底栖生物：安丰塘底栖动物的含量丰富。夏秋季节，底栖生物含量为112.8克/平方米，主要包括软体动物8种、底栖寡毛类2种、水生昆虫1种。河蚬、河蚌数量居首，约占总底栖生物量的90%以上。

（3）水生维管束植物：主要有挺水植物、浮叶植物、沉水植物和漂浮植物，分属18科，38种。挺水植物和浮叶植物多见于上游瓦庙店的浅水区，常见的挺水植物有：芦、蒲草、荸荠、水芹等，常见的浮叶植物有菱、芡实、水葵等。常见的沉水植物聚草、菹草、苦草、轮叶黑藻等。常见漂浮水面的种类有：芜萍、紫背浮萍、水浮莲等。

莲藕与荸荠（咸士章/提供）

（4）鱼类资源丰富：鱼类区系组成与淮河相近。据资源调查表明：安丰塘计有鱼类70种，隶属9目15科，7个亚科，其中鲤科鱼类38种，鳅科、鲶科、鮊科鱼类计15种，其他鱼类17种；尚有爬行类、甲壳类、贝类等水生经济动物。经济价值较高的：鱼类有青、草、鲢、鳙、鲤、鲫、鳊、鲂、鲦、鳜、鲶、乌鳢、黄鳝、银鱼等，爬行类有龟、鳖等，甲壳类有青虾（日本沼虾）、秀丽白虾、米虾、中华绒螯蟹等，贝类有

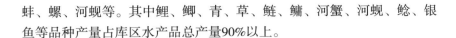

蚌、螺、河蚬等。其中鲤、鲫、青、草、鲢、鳙、河蟹、河蚬、鲶、银鱼等品种产量占库区水产品总产量90%以上。

3. 其他生物多样性

灌区属北亚热带落叶阔叶林与常绿针叶林混交地带，主要植被为人工栽植的阔叶林、针叶林、针阔混交林和经济林，另有少量阔叶次生林。主要树种有杨树、香椿、法梧、柳树、苦楝、刺槐、水杉、侧柏以及梨、桃、杜仲等，灌木有蔷薇、紫穗槐等，草本植物主要有蒿类、野草莓、野菊、艾草等。

灌区野生动物资源十分丰富。有两栖爬行类15种，其中虎纹蛙为国家二级保护动物；鸟类96种，隶属于13目、29科，其中属国家一级保护的有白头鹤；国家二级保护的有鸳鸯、普通鵟、鹊鹞、红隼、小鸦鹃等5种；省一级保护的有四声杜鹃、大杜鹃、金腰燕、家燕、灰喜鹊等5种；省二级保护的有普通鸬鹚、豆雁、赤麻鸭、针尾鸭、绿翅鸭、花脸鸭、罗纹鸭、绿头鸭、斑嘴鸭、白眉鸭、琵嘴鸭、赤颈鸭、鹌鹑等19种。

（三）
农耕管理制度与知识

寿县种植业源远流长，历史悠久，春秋战国已具相当规模和水平。楚相孙叔敖修建芍陂，大兴水利，秦汉唐宋以来，得芍陂之水利，水稻生产发展很快，栽培技术也日臻改进。如选用良种、深耕、耙碎、耖平使用有机肥料，认真泡稻、催芽、育秧、栽插、灌溉、烤田、管理已形成了一整套操作程序。旱地作物，如小麦、大豆、玉米、甘薯、高粱等在栽培技术上，也达到了一定水平。

得益于自然环境优越的八公山区及沿淮的小气候与土壤，300年前寿县人民便在此地栽种八公山酥梨。此外，寿县人民利用香草、席草的历史也很悠久。端午佳节，家家户户用香草缝制荷包，以祛臭、驱虫、避汗气。寿县丰富的水源、肥沃的土地，加上勤劳的人民，使得席草在寿县板桥镇发扬光大，享有"草席之乡"的美称。

照水红蕖细细香（戚士章/摄）

寿县人民根据水利条件和地势状况，对不同田块种植不同的作物，采取相应的管理措施。

水田：大部分水田特别是芍陂下冲田，水稻收后，水沤过冬。农谚云"冬不淹垡，春不露脊"就是总结土壤"冬利冻酥，春防晒僵"的沤田经验。

旱地：除部分肥田一麦一稻外，多为一季甘薯、高粱、玉米、棉花、花生。

湾地：多为一麦一豆或午季小麦秋季黄豆、玉米或豇豆、绿豆。在旱作中，部分地区还有小麦、豌豆混种；玉米行间套种黄豆、豇豆、红小豆；棉花套种芝麻、瓜类、豆类；花生、黄豆地里套种芝麻等用地养地的好习惯。

灌区耕作制度也随农业生产的发展而演变。清末民国至中华人民共和国成立初期，由于受社会和自然条件的制约，寿县耕作除沿淮、淠湾地及平原岗区靠近庄圩的部分较好土地实行一年两熟外，多数耕地为一年一熟。目前，当地充分利用资源优势，强化科技投入，努力提高资源和土地利用率，全面扩大经济作物。在栽培制度上全面推行立体化多熟制，采取粮经饲、高中矮、禾豆薯三个三结合，达到一年三到五熟。重点模式有：一年五熟：小麦预留行—套冬菜（榨、白、腊）—打瓜—辣椒—晚秋蔬菜。一年四熟：有三种模式，分别是地膜春马铃薯—春玉米（育苗移栽）—青萝卜—冬黄心乌；拱棚辣椒—小白菜—秋萝卜—大棚芹菜；地膜春马铃薯—春玉米间早青豆—青萝卜—冬菜。一年三熟：有两种模式，分别是小麦（预留行）—西瓜、打瓜—夏玉米间豆类；拱棚辣椒—日本南瓜（出口）—日本胡萝卜（出口）。

目前主要的作物轮作模式：①小麦—水稻连作种植模式。小麦水稻两熟是寿县最主要的种植模式，具有悠久的历史，常年种植面积约80万亩，2005年以来，小麦种植面积大幅度增加，全县麦稻两熟连作的面积也逐渐稳定在目前的160万亩左右。②稻油种植模式，1949年以前，安丰塘灌区以种水稻为主，多是一年一熟，水稻收后，水沤过冬或种植绿肥，油菜种植面积很小。新中国成立后，扩大秋种面积，改一年一熟为一年两熟，油菜生产缓慢发展，直到1978年后种植面积迅速扩大，单产、总产和效益不断提高。再经过20多年的发展，到2004年达到面积峰值48.6万亩，亩产120千克。之后，随着国家一系列扶持粮食生产政策的出台，加上种油菜效益较低，面积逐年快速萎缩，至2013年种植面积仅5.2万亩，单产173千克。③麦—豆连作种植模式，此模式是寿县沿淮、涝湾区、湖区最主要种植模式，具有悠久的历史，并且延续至今，甚至在未来很长时间内仍是最主要的种植模式。主要分布在张李、迎河、正阳关、丰庄、涧沟、双桥、寿春、八公山等乡镇及正阳关和寿西湖两个国有农场，种植面积在20万亩左右。④席草与晚稻连作模式。20世纪80年代末，安丰塘灌区的板桥镇、安丰塘镇、迎河镇、正阳关镇就已经开始席草晚稻连作栽培。席草的亩产量一般为1 250千克，晚稻的产量一般为350千克。席草在7月下旬收割腾茬，理论上可以种植绿豆、玉米等，但由于是水田，种植晚稻更方便，效益更好。

《淮南子》与二十四节气

汉淮南王刘安与八公坐而论道，谈天说地写下了鸿篇巨著《淮南子》。《淮南子》极力描绘宇宙万物的形态，写下了许多对宇宙、事物的认识，其有关"二十八宿""干支纪年""二十四节气"和

"阳燧取火"的记载，保存了很多中国古代哲学和科学的知识，对自然科学、哲学和文学诸领域都作出了重大贡献。史通评《淮南子》，牢笼天地，博极古今。

《淮南子》一书，流源千里，渊深百仞，致其高崇，成其广大。淮南王刘安根据对五星行度及运行周期的规律观察和测定，参照北斗运行及五音、十二律，第一次在《淮南子·天文训》中完整详细地记载了农历二十四节气的名称和理论依据。《天文训》对自然、天象、物候、气象、农事、政事做出记载，这便是我国流传两千多年的农历二十四节气。

二十四节气是我国古代劳动人民在长期农业生产劳动中总结出来的农时与季节的关系。真正把二十四节气写进书本记录在案，并被承认和应用至今的是《淮南子》一书。今天的二十四节气名称与《淮南子》上记载的二十四节气名称完全一样，因此，说寿县是二十四节气的发祥地，应当名至实归。

二十四节气之说这棵"大树"在中国这块大地上已经扎根两千多年了，可以说是根深叶茂，郁郁葱葱。虽然二十四节气综合了天文学和气象学以及农作物生长特点等多方面知识，比较准确地反映了一年中的自然特征，但只有在中国才被广泛承认和应用。在中国辽阔的疆域中，农作物生长真正与二十四节气结合得比较密切的只有黄河以南的部分地区，特别是江淮地区结合得更加紧密。许多关于农作物和节气之间的农谚，基本上都流行于江淮地区。因此可以断定，总结出二十四节气的祖先肯定是生活在江淮地区的古代先民，这从《淮南子》一书可以得到印证。

淮南子（王斌/摄）

寿县地区还有大量流传在民间关于节令、气象和农业经营制度等方面的农谚。节令方面的农谚如"有钱难买五月旱，六月连阴吃饱饭（农历月）""秋前不见三披叶，再好的玉芦也不结"，关于气象的农谚如"三月三，蛤蟆叫，蓑衣斗笠都上吊（久晴）""东虹日头西虹雨，南虹北虹晒大米"，农业经营管理方面的农谚有"秋耕深一寸，春天省堆粪""秧薅五交没有糠，棉锄六交白如霜"。

寿县地区流传的农谚之节令

春分早，谷雨迟，清明泡稻正当时

三九四九中心腊，河里冻死老母鸭

惊蛰滴一滴，倒冷四十一

清明前后，种瓜种豆

清明断雪，谷雨断霜

清明要晴，谷雨要淋

小满家把家，芒种普天下（割麦）

麦到小满稻到秋（收割）

有钱难买五月旱，六月连阴吃饱饭（农历月）

吃了端午粽，才把棉衣送；吃了端午瓜，才把棉衣扒

头伏萝卜二伏菜

春打五九尾，家家拽猪腿；春打六九头，家家卖耕牛

到了七月半，棉花收斤半

秋前不见三披叶，再好的玉芦也不结

一雨变成秋，光蛋夜夜愁

八月十五云遮月，正月十五雨打灯

重阳无雨看十三，十三无雨一冬干

一交十月节，下雨就下雪

吃过冬至面，一天长一线

干冬湿年下

冷在三九，热在三伏

一场春雨一场暖，一场秋雨一场寒

寒露油菜霜降麦

一九二九不出手，三九四九冰上走

五九六九，沿河看柳

七九河开，八九雁来

九九艳阳天

七九六十三，路上行人把衣担

九成熟，十成收；十成熟，两成丢

五月端午不在地，八月十五不在家（大蒜）

桃三杏四枣五年

花棍打到二月二，黄瓜瓠子都下架；花棍打到三月三，荠菜开花上高山

七十天荞麦五十天花，蒙蒙小雨收到家

发尽桃花水，必是旱黄梅

八月初一雁门开，大雁脚下带霜来

立夏到小满，种啥都不晚

芒种麦登场

六月不热，稻子不结（农历）

夏至有风三伏热，重阳无雨一冬晴

大麦上浆，赶快下秧

宁叫秧等田，不叫田等秧

梨花香，早下秧

大麦不过夏（立夏），小麦不过满（小满）

立夏三尺火，麦死九条根

春分麦起身，肥水要紧跟

麦旺三月雨，单怕四月风

冬雪一场被，春雪一把刀

条锈成行叶锈乱，秆锈是个大红斑

柿芽发，种棉花

四月八，苋菜掐，四乡人家把秧插

荷叶如钱大，遍地种棉花

麦黄杏子，豆黄蟹子

椹子黑，割大麦

蚊子见血，麦子见铁

青蛙打鼓，豆子入土

麦熟不过三晌

青蛙呱呱叫，正好种早稻

椿树发芽，快种棉花

二八月间乱穿衣

三月还下桃花雪

九尽杨花开，农活一齐来

小满暖洋洋，割麦种杂粮

鸡鸡二十一，鸭鸭二十八，鹅鹅一个月

有钱难买五月旱，六月连阴吃饱饭

谷雨前，好种棉；谷雨后，好种豆

正月茵陈二月蒿，三月四月打柴烧

寿县地区流传的农谚之气象

一天一暴，田埂都收稻

六月西风当时雨

东边雨不救西边田

东虹日头西虹雨，南虹北虹晒大米

日晕三更雨，月晕午时风

春雾雨，夏雾热，秋雾凉风冬雾雪

三月三，蛤蟆叫，蓑衣斗笠都上吊（久晴）

天上鱼鳞斑，明日晒谷不用翻

先濛濛，下不大；后濛濛，不得晴

麦盖三床被，头枕馍馍睡

春东风，雨祖宗

春东夏西秋不论（有风便有雨）

晚晴一百天

西风不过酉，过酉连夜走

早烧（火烧云）不到中（下雨），晚烧一场空（无雨）

日落乌云涨，半夜听雨响

天黄有雨，人黄有病

有雨四外亮，无雨顶上光

日落胭脂红，无雨也有风

立夏刮火风，小麦一场空

东风刮到底，西风来还礼

天上钩钩云，地上雨淋淋

打春不用问，沥沥拉拉二月尽

伏里不热，九里不冷

雾里日头，晒破石头

云跑东，一场空；云跑西，披蓑衣

一点一个泡，又收麦子又收稻

冬不走湾，夏不走岗

春雨不误路

春雨贵如油

月戴斗笠，明日挨淋

夏至刮东风，半月水来冲

日头照墙根，淋得母猪哼

鸡蹲早，晒干草；鸡蹲迟，天要阴

蚂蚁搬家要下雨

猪衔草，寒来早

燕子低飞要落雨

立春晴，雨水匀

正月打雷人鼓堆，二月打雷麦鼓堆，三月打雷菜鼓堆

早霞不出门，晚霞行千里

东北风冷，绝户头狠

燕飞低，披蓑衣

盐缸还潮，麦子水捞

寿县地区流传的农谚之农经

麦子收不收，看你开沟不开沟

尺麦怕寸水

秋耕深一寸，春天省堆粪

早凉晚凉，干断种粮

春雨贵如油，春鸡大似牛

庄稼不收当年穷

人勤地不懒

麦要胎里富

锄头底下有雨，锄头底下有火

秧薅五交没有糠，棉锄六交白如霜

人怕老来穷，稻怕寒露风

三分种七分管

庄稼一枝花，全靠肥当家

麦根通江心

有水就有鱼

歪瓜瘪枣周正梨

冬吃萝卜夏吃姜，不用先生开药方

人误地一时，地误人一年

宁可食无肉，不可食无豆

早过十五晚过年

正月十五大似年，吃块肥肉好下田

有收无收在于水，多收少收在于肥

有钱买种，无钱买苗

养猪不歉钱，回头看看田

养羊不蚀本，绳子两大捆

惯子不孝，肥田收瘪稻

麦收岭，稻收边

犁如灰堆，耙如面蛋，种一茶壶，收一茶罐（白土瘠薄田）

要想富，田里种成杂货铺

种地不上粪，等于瞎胡混

小满粒不满，麦有一场险

好树开好花，好种结好瓜

一亩地的园，十亩地的田

清水下种，浑水栽秧

间苗要间早，定苗要定小

早种三分收，晚种三分丢

（四）
多种农业产出

芍陂蓄水灌溉水利工程体系通过对区域水资源的科学调配，保障了灌区4.49万公顷农田旱涝无虞，也保障了灌区内生物多样性的繁衍延续，构成丰富而和谐的灌区农业生态系统。

农业是当地经济的主要产业，2014年全县农作物总播种面积24.49万公顷。其中：小麦面积10.57万公顷，稻谷面积11.33万公顷，全年农林牧渔业总产值达到81.9亿元，三级产业结构比重为34∶29.7∶36.3，农业在国民经济中份额较大。芍陂工程的存在，为农业发展提供了重要的水资源保证，灌区内农产品丰富多样，作物品种繁多，畜禽养殖、水产养殖也各具特色。

灌区内优质大豆丰收场景（寿县农委/提供）

1. 种植业

灌区作物以粮食作物为主，其中又以水稻种植面积最大，水稻生长期内几个关键节点对供水的要求非常紧迫和严格，这也是芍陂蓄水灌溉的突出价值所在。"一稻一麦"是主要的轮作模式，其他大豆、席草、蔬菜、果树等作物种类也十分丰富。

粮食作物有水稻、小麦、甘薯、高粱、豆类等，粮食生产是农业的重要产业，其中水稻、小麦是主要粮食作物。2014年全县粮食播种面积346.8万亩，平均单产534千克，总产185.2万吨，第九次获得全国粮食生产先进县（单位）称号。

灌区优质籼稻（戚士章/摄）

经济作物种类繁多，如棉花、油菜、蔬菜、瓜类、席草等生产各具特色，寿州黄心乌、板桥草席、郝圩酥梨、寿州香草、正阳关蒌蒿、时家寺打瓜子、涧沟青毛豆等土特产闻名遐迩，其中板桥席草种植基地2 000公顷，是全国四大席草基地之一。

2. 畜牧业

寿县是畜牧业生产大县，全国生猪调出奖励大县，动物疫病防控和动物卫生监督工作多次荣获全省先进单位称号。寿县农副产品多，秸秆丰富，饲草饲料充裕，畜牧养殖业的生产条件得天独厚。近年来，寿县以标准化规模养殖为核心，以品种改良为重点，以产业经营为发展方向，努力加快畜牧业发展方式转变，促进全县畜牧业生产向规模化、标准化、产业化发展。2015年生猪存栏47.12万头（其中能繁母猪4.93万头），出栏107.21万头。牛存栏6.15万头，出栏4.36万头。羊存栏23.78万只，出栏44.61万只。家禽存栏1 061.1万只（其中皖西白鹅74.7万只），出栏2 566.35万只（其中皖西白鹅286.3万只）。肉类总产量14.7万吨，禽蛋总产量4.88万吨，畜牧业总产值32.19亿元。

皖西白鹅养殖（寿县农委/提供）

3. 渔业生产

寿县还是渔业大县，全国渔业百强县，全省渔业重点县。2015年全县水产养殖面积39万亩，水产品总产量10万吨，实现渔业经济总产值20亿元。全县水产品总产量、渔业总产值一直位居全省十强县，连续多年蝉联全省渔业先进县和平安渔业示范县。

1999年以前，安丰塘水面一直由水产养殖场自主经营，春投冬捕，投放以鲢、鳙、草鱼为主，银鱼、河蚬及其他名优鱼类以自然增殖为主，年产各种鱼类500多吨。1999年以后，安丰塘被养殖大户租赁经营至今。以大水面生态增殖河蟹为主。围绕安丰塘库区和寿县渔业的可持续发展，先后注册了"安丰塘"和"天下第一塘"品牌；2004年，河蚬、河蟹、银鱼等三个产品获农业部无公害产品产地一体化认证。2005年进行河蚬人工繁殖及增养殖试验。2006年安丰塘大水面围网生态养蟹通过省级标准化生态养殖示范区验收。2008年安丰塘大水面围网生态养蟹通过农业部水产健康养殖示范区验收。通过示范、引导、推广，全县环瓦埠湖、肖严湖和梁家湖已发展围拦网养蟹近15万亩，使沿湖居民走上脱贫致富道路，取得了良好的经济效益和生态效益。

安丰塘灌区还形成了甲鱼生态养殖区、黄鳝生态养殖区和名优鱼类健康养殖区。甲鱼生态养殖区位于寿县堰口镇，综合养殖场位于堰口镇寿丰村境内，有连片精养甲鱼池31口，面积580亩。养殖场实施"鱼、鳖、虾"综合生态养殖，通过二十多年的实践，积累了丰富的甲鱼繁育、养殖经验。

近年来，安丰塘灌区立足当地资源优势，走现代化健康养殖发展之路，2004年注册了"寿丰"牌中华鳖商标。2008年被六安市农委确定为市级甲鱼良种场，被市农业产业化工作指导委员会评为"市级农业产业化龙头企业""寿丰"牌被市工商行政管理局认定为"六安市知名商标"。2010年通过农业部水产健康养殖示范场验收。2012年寿丰牌甲鱼、草龟通过有机食品认证，为安徽省唯一的有机龟鳖。

黄鳝生态养殖区。近年来，寿县网箱养鳝的发展呈星火燎原之势，已从炎刘、刘岗、三觉、众兴等江淮分水岭乡镇，遍布到全县所有乡镇。2014年，寿县发展黄鳝养殖面积4 200亩，网箱4万多口，参与农户600户，产量达850吨，产值高于4 000万元。其中

安徽寿丰甲鱼养殖协会（张灿强/摄）

炎刘镇炎东合作社网箱养鳝350亩，网箱5 000多只；众兴镇国峰合作社网箱养鳝650亩，网箱80 000多只。

名优鱼类健康养殖区。先后创建了国家级健康养殖示范区5个（天源水产、堰口综合养殖场、安丰塘、迎河绿园、正阳关农场）、省级标准化示范基地1个（寿县安丰塘）、万亩健康养殖示范片4个（东大圩、梁家湖、肖严湖、陡涧河）、县级标准化养殖小区30个。全县健康养殖基地总面积达27.4万亩，覆盖全县71%的养殖水面。

4. 农业标准化与产业化

寿县拥有板桥、涧沟2个省级特色乡镇、47个专业村，建成板桥席草、涧沟青毛豆、大店蔬菜、皖西白鹅、瓦埠湖水产等一批特色农产品基地。认证绿色食品54个，无公害农产品1个，国家级地理标志产品3个，"三品"认证面积54.5万亩。培育县级以上农业产业化龙头企业138家，其中省级10家，市级55家，县级73家，2015年全县农产品系列加工

有机产品认证证书（张灿强/提供）

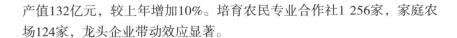

产值132亿元，较上年增加10%。培育农民专业合作社1 256家，家庭农场124家，龙头企业带动效应显著。

5. 特色农产品

寿县特色农产品包括席草、八公山酥梨、寿柴胡及八公山中药材、皖西白鹅、寿州香草等。

（1）板桥席草　在淮淝平原上，位于古安丰城遗址以西的板桥镇一带，大片土地的沟坎和沼泽地里，自然生长着一种植物，细长的茎韧性十足，一簇簇，一丛丛，沾水生根，郁郁葱葱。当地人们用这种植物晒干后编织睡席，所以被称作"席草"。

席草种植（寿县农委/提供）

席草即江淮地区常见的灯芯草，是灯芯草科灯芯草属的一种多年宿根生草本植物，喜温、喜水、耐湿，适宜在肥沃、疏松、微酸或中性土壤中种植生长。植株分地上茎和地下茎两部分，地上茎细长、柔软、坚韧、光滑，粗细均匀，圆柱状，呈深绿色，是编织睡席的主要原料。

席草收割（寿县农委/提供）

为什么席草只青睐于板桥镇？主要是因为这里有座安丰塘。"嫁星星，嫁月亮，不如嫁到安丰塘。安丰塘，鱼米乡，大米干饭银鱼汤"。安丰塘灌区旱涝保收。席草为秋种夏收作物，需越冬生长。冬季为枯水季节，其他地方已经没了水源，但安丰塘因属反调节性水库，灌区四季水量充足。席草生育期约260天，不管是在移栽活棵期、越冬休眠期，还是在萌发分蘖期、草茎生长期，可以说一天也离不开水。而在安丰塘灌区，水源从来就不是问题。这就是板桥草席得天独厚的发展基础和生长条件。

安丰塘畔一棵草（民间传说）

传说安丰塘原来是座城池，后因城里人贪吃龙肉，玉皇降罪致使城池塌陷为塘。而唯一幸存的李直一家，因为同情受伤的小龙不忍食其肉，后受仙人点化，逃脱了厄运。

当安丰城陷落在一片汪洋之中时，这地方人们叫它"锅砸店"，就是现在的戈家店。李直一家接着往西逃生，来到板桥地界，满目是水泽洼地又何以为生呢？这时玉皇派太上老君调查"吃龙肉"一案处理情况，太上老君看到安丰塘已变成一口大塘，十分满意，便降下云头，扮成乞丐，沿塘寻访百姓的反映。当看到李直一家无以为生、沿途行乞时，老君感念李直是忠厚善良人家，从云掸上拔下一根云丝，吹了一口仙气，幻化成一棵草送与李直，说："去种到洼地里，就可以长出许多来。晒干了可编织，你一家便可以此为生了。"这老君送给李直的仙草，正是如今的席草。

李直把席草种在安丰塘西边的洼地里。过了些时日，草便发出一蓬一蓬来，郁郁葱葱半人多高深。到了收获的季节，李直把它收割晒干，编成草垫和草席，拿到附近集市上卖，换来吃的和用的。这草制品温凉舒适，受到人们的喜爱。李直很快过上了好日子，家中富裕起来。远近的人们纷纷到李直家学习种草技术。李直很慷慨，分发草根，毫不保留地教授编席手艺。很快，种草编席在安丰塘畔推广开来。日积月累，种草编席成了这里的传统支柱产业。

如今，经过不断改进种植编织技术，板桥席草先由普通草继而研种蔺草，编织由手工逐步发展为机械加工。品种也丰富多彩起来，有草鞋、草毯、垫皮、草席、编织包等，远销全国各地，出口日本、韩国等国家，板桥成了全国的四大草席基地之一。

资料源自《非物质文化遗产田野调查汇编（寿县卷）》

（2）八公山酥梨　八公山酥梨又名"郝圩"酥梨，原系淮北砀山品种，栽植已有200多年历史。因八公山下的郝圩、张管一带山体坡度小，且面临淮河，土壤肥沃，气候温和，昼夜温差大，形成了宜于果树生长的独特生态小气候，使砀山梨的优良品质得到大大提高。八公山酥梨呈圆形，皮黄，有蜡质光泽，果肉白色，其主要特点是：皮薄肉嫩，色正形俏，食之无渣，酥脆爽口，味甜多汁，弹指皮破。八公山酥梨含可溶性固形物12%~15%，生吃、熟吃俱佳，老少皆宜。"生食可清六腑之热，熟食可滋五脏之阴"，更兼有较高的药用价值。《本草纲目》载：酥梨具有止渴生津、祛热消暑、化痰润肺、止咳平喘、滋阴降火等功效，被中医称为"果中甘露子，药中圣醍醐"。1989年，八公山酥梨在全省水果评选会上被评为"安徽省优质水果"；1991年，在全省同类水果评比中荣获第一名；1997年，再次被全省水果评选会评为"安徽省优质水果"。

郝圩酥梨（张灿强/摄）

（3）寿柴胡及八公山的中药材　据不完全统计，八公山中有药材220余科、800余种、1 500余部（味），其中以柴胡、灵芝、丹参、苦参、益母草等药用价值最高。

八公山所产柴胡历史悠久，享有盛名。柴胡为伞形科多年生草本植物，别名硬苗柴胡、竹叶柴胡，多野生于山坡、林缘、林中隙地和腐质土中。清光绪十六年编撰的《寿州志·食货志·物产·药类》录其特点："茎叶肥大而嫩，繁衍茂盛。"这与八公山的地理环境是分不开的，八公山土壤由石灰岩等组成，山坡、山脚系鸡肝土和棕色石灰土，加之属于亚热带半湿润气候，光、热、水等资源比较充裕，十分适宜柴胡生长。柴胡为发散风热药，味苦性寒，是消胆经之郁火、泄心家之微热、消头目之晕眩、治眼耳之红热、降

胃胆之逆、升肝脾之陷的良药。从药效上看，在每年清明节稍后，采摘的茎叶最佳，开花时所采之"花胡"次之。八公山柴胡因药效高、质地好，很受药家青睐，被专称为"寿柴胡"。

（4）皖西白鹅　原产于安徽省六安地区，是中国优良的中型鹅种。该品种是经过长期人工选育和自然驯化而形成的优良地方品种，适应性强、觅食力强、耐寒耐热、耐粗饲、合群性强。早期生长速度快，肉质细嫩鲜美，特别是羽绒产量高、且品质优。

皖西白鹅雏鹅绒毛为淡黄色，雏鹅喙为浅黄色，胫、蹼均为橘黄色。成年鹅全身羽毛洁白，部分鹅头顶部有灰毛。喙橘黄色，喙端色较淡，胫、蹼均为橘红色，爪白色。皮肤为黄色，肉色为红色。体型中等，体态高昂，颈长呈弓形，胸深广，背宽平。头顶肉瘤呈橘黄色，圆而光滑无皱褶，公鹅肉瘤大而突出，母鹅稍小。虹彩灰蓝色，约6%的鹅颌下带有咽袋。少数个体头颈后部有球形羽束，即顶心毛。公鹅颈粗长有力，母鹅颈较细短，腹部轻微下垂。

皖西白鹅（张灿强/摄）

皖西白鹅产毛量高，羽绒洁白，弹性好，蓬松质佳，尤其以绒毛的绒朵大而著称。一年可活拔毛3～4次。平均每只鹅产毛349克，其中产绒毛量为40～50克。目前产区每年出口羽绒占全国出口量的10%，居全国第一位。鹅皮可鞣制裘皮，柔软蓬松，保暖性好。每平方米重量仅有700克左右，是制作服装、工艺品等的好材料。

白鹅戏水（赵阳/摄）

（5）寿州香草　寿州香草又名离香草，是一种颇有灵性又具神秘色彩的植物，产于寿县报恩寺，已有几千年历史，目前是濒危物种。离香草的发现是在宋朝初年，赵匡胤困南唐（今寿县）之战时，战马行至报恩寺旁，见此草便低头狂啃，任凭鞭打拒不前行。赵匡胤便下马拔了几根青草闻闻，随即脱口而出："此乃香草也！"从此寿州香草便名扬大江南北、淮河两岸。

寿州香草（寿县人民政府网/提供）

经俞年军、许正嘉等专家鉴定，寿州香草系植物界、被子植物门、双子叶植物纲、蔷薇目、蝶形花科、草木樨属，白花草木樨种（Melilotusalbus Desr），否定了以前流传的堇菜目、报春花科、珍珠菜属的说法。香草为两年生草本植物，高1米左右，三出复叶，花柄长，形似芝麻秸。头年11月下种，翌年6月收割，满城飘香。端午佳节，家家户户用干香草缝制香荷包，以驱虫避汗气。每年6月，湖北、上海、河南等地客商都前来采购。

安徽省植物学家为寿州香草确定植物学分类（戚士章/摄）

寿州香草

　　寿州特产香草，被世人称为奇草。这种香草，只有在城内报恩寺东边的一片地上生长，才会有馥郁的香味。如果易地种植，虽也生长枝叶，但香味全无，支茎也由空心变成实心了。

　　传说寿州香草是由赵匡胤发现的。那是在五代十国末期，后周大将赵匡胤率军攻打南唐寿州时，他的战马挣脱缰绳，跑到报恩寺东边的一块草地吃草，打不走，牵不离。赵匡胤顺手摘枝草棒嗅了嗅，说："是香草！"从此以后，每年的端午节，人们便用这种香草缝成荷包戴在身上，据说可以避邪护身。

　　寿州香草又称"离乡草"，香草虽在宋朝初期才名扬海外，但在春秋战国时期就已存在。寿州（今寿县）曾是楚国国都，楚国连年征战，多有楚国战士在外英勇牺牲。为了慰藉亡灵，楚国不远千里将牺牲的战士运回，葬在报恩寺旁的东园。不久以后，人们惊奇地发现，东园内长出一片片特别的青草，这些青草不仅漂亮，而且散发着阵阵浓郁的香味。百姓们都认为这是英烈们报恩所赐的吉祥之物，纷纷采收回家，挂在门上，用以驱邪辟灾，保佑平安。寿州城也因为有了离香草，几千年来没有过灾难，就连千年古城墙至今都依然保存完好。

资料源自《非物质文化遗产田野调查汇编（寿州卷）》

香草的独特作用

　　进门香——挂在门上，作招福、辟邪、镇宅之用。

　　凝神香——置于枕边，有安神、助眠、除瘴之效。

　　护身香——戴在胸前，防病害、驱百害、祈鸿福。

　　平安香——悬于车内，可凝神醒脑，保一路平安。

　　养心香——放在屋内，灭菌驱虫，净化美化居室。

资料来自寿县人民政府网

（五）
农产品加工

1. 八公山豆腐

寿县八公山是豆腐的发祥地，豆腐文化底蕴深厚，豆腐制作、加工、烹饪均有绝招，豆腐菜肴甚多，不仅制作精美、赏心悦目，吃起来味美溢香，而且说起来更是各有典故。为弘扬豆腐文化、光大华夏美食，促进人类健康，从20世纪90年代起，寿县八公山乡充分利用大泉村家家户户加工、制作豆腐的有利条件，建设豆腐文化一条街，大力开展豆腐制作体验及豆腐宴开发品尝活动，形成了独具特色的豆腐旅游经济。

八公山位于安徽省中部，淮河中游南岸，西汉时为淮南国，山下泉水流光溢彩，清冽甘甜。寿春地区盛产大豆，山民自古就有用山中泉水磨豆、喝豆浆的习惯，淮南王刘安入乡随俗，并在长期的修道炼丹中，发明了豆腐。明朝李时珍《本草纲目》记载："豆腐之法，始于汉淮南王刘安。"《谢绰拾遗》也记载："豆腐之术，三代前后未闻，此物至汉淮南王刘安，始传其术于世。"

八公山上（赵阳/摄）

据五代谢绰《宋拾遗录》载："豆腐之术，三代前后未闻。此物至汉淮南王亦始传其术于世。"南宋大理学家朱熹也曾在《素食诗》中写道："种豆豆苗稀，力竭心已腐；早知淮南术，安坐获泉布。"诗末自注："世传豆腐本为淮南王术。"淮南王刘安，是西汉高祖刘邦之孙，公元前164年封为淮南王，都邑设于寿春（即今安徽寿县城关），名扬古今的八公山正在寿春城边。刘安雅好道学，欲求长生不老之术，不惜重金广招方术之士，其中较为出名的有苏非、李尚、田由、雷波、伍波、晋昌、毛被、左昊八人，号称"八公"。刘安由八公相伴，登北山而造炉，炼仙丹以求寿。他们取山中"珍珠""大泉""马跑"三泉清冽之水磨制豆汁，又以豆汁培育丹苗，不料炼丹不成，豆汁与盐卤化合成一片芳香诱人、白白嫩嫩的东西。当地胆大农夫取而食之，竟然美味可口，于是取名"豆腐"。北山从此更名"八公山"，刘安也于无意中成为豆腐的老祖宗。

豆腐发祥地（张灿强/摄）

寿县八公山豆腐制作技艺，经汉淮南王刘安的宫廷内流传于民间后，在长期的生产过程中，经技师们长期摸索、提炼，工艺日臻完善，主要制作过程包括：①选料。②浸泡。取八公山大泉、玛瑙泉和珍珠泉水，浸泡黄大豆，使纤维软化，蛋白质容易溶出。技师们根据季节、温度，确定浸泡的时间，一般在5小时左右。③磨浆。将浸泡好的黄大豆，掺兑八公山泉水，用石磨研磨成均匀的浆汁。④挤浆。将磨好的浆汁放入"布口袋"中，用力挤压出生豆浆，这一工序挤出的生豆浆明显细于使用"晃单"漏出的生豆浆。⑤煮浆。将生豆浆放入土灶大铁锅，高温烧煮。⑥点膏。在热豆浆中兑入严格计量比的石膏（而不是用"卤水"点豆腐），并冲浆两次。"石膏点豆腐——一物降一物"的歇后语，即由此而来。⑦蹲脑。又叫"养花"，就是让豆浆静置10分钟左右，待豆浆凝固，再除去残存其上的淡黄色泡沫。⑧压单。又叫"绢包"，将豆腐脑放入垫有棉白布的篾器中，包裹严实，将容器依次摞上，进行压制，这是使蛋白质凝胶更好更均匀地接近和黏合，同时强制排出豆腐脑中的多余水分，使其成形。⑨制成。经过几小时冷却后即成嫩白的豆腐，掀开白布包裹，用铜制的宽而薄的刀片分成各种形状的豆腐。

八公山豆腐的制作技术在悠久的历史长河中，不断得到继承和完善。唐朝，豆腐之法随着鉴真东渡传到日本，成为中日文化交流的见证。现已入选安徽省首批非物质文化遗产名录。

省级非物质文化遗产——豆腐传统制作技艺（寿县文广新局/提供）

八公山豆腐

豆腐被誉为"东方龙脑"，已两千余年，发源地就在寿县。自刘安发明豆腐之后，八公山下就成了名副其实的"豆腐之乡"。这里的山民以其得天独厚的自然条件，自古以来几乎都以制作豆腐为生，代代相传，豆腐生产技艺得到不断继承和完善，达到炉火纯青的地步。到明清时期，八公山下已有陆家班、来家班、黄家班等多个豆腐生产世家。"文革"前，八公山下的大泉村拥有村民716户，家家会做豆腐，其中452户为经营专业户，日产销量5万余斤，夜间磨轮辘辘，豆溢四香，大泉村成为远近闻名的豆腐村。自20世纪80年代开始，每逢"中国豆腐文化节"期间，国内外专家、学者都要来到大泉村，寻豆腐之根，研讨八公山豆腐制作技艺的科学原理。大泉村声名远播，从此成为旅游热点，国内外游客纷纷慕名而来。2008年旅游景区共接待游客20多万人次，景点收入1600多万元。

在漫长的历史进程中，八公山豆腐的历史渊源、制作工艺、产品研发、营养保健、菜肴烹饪等产生并衍生出的具有丰富内涵的豆腐文化，是中华饮食文化中的瑰宝。豆腐曾被称为"菽乳""黎祁""来其"，至五代时始称"豆腐"，因豆浆洁白晶莹被喻作"琼浆""玉液""玉乳"，因其味鲜美被赞为"羊酪""小宰羊"。人们在长期的生活实践中创造出了制作、烹饪、品尝、保健以及赞誉、描写豆腐的饮食文化。丰富多彩的豆腐故事、通俗朴实的豆腐歌谣、富有哲理的豆腐谚语、幽默风趣的豆腐歇后语等劳动人民的口头作品是豆腐文化的源头。随着历史的发展，以豆腐为题材的作品已扩展到诗词、散文、小说、戏剧、曲艺舞蹈等众多文学艺术和广播影视领域。它们从不同侧面、不同层次生动地描写了豆腐的外延与内涵、品质与精神。在历代的作品中，豆腐不但是一种描述的题材，而且成为托物言志、抒情达怀、写意寄兴的象征。在中国文学艺术宝库中，以豆腐为题材的作品体裁多样，内容丰富，感人至深。可以说，从豆腐的制作工艺到烹饪艺术和营养保健，从劳动人民创作的民间文学到文人学士的诗词歌赋，汇集成了源远流长、内容丰富的豆腐文化的长河。寿县八公山风景区在做好豆腐制作体验及豆腐宴开发品尝文章的同时，目前正在着力建设中国豆腐文化园，力图通过深入挖掘豆腐文化内涵，按照豆腐文化寻根—豆腐文化参观—豆腐文化体验—豆腐文化休闲的脉络，打造中国最具特色的豆腐文化主题公园。该工程主要包括丰富淮南王墓景区内容、修建豆腐文化博物馆、开发豆腐生产工艺体验游、开展泉水探谜自助游等内容，其中改造大泉豆腐村、扩建豆制品厂等项目已经上马，正在紧锣密鼓建设之中。"千里长淮美味，八公山泉腐乳"，相信要不了多久，八公山豆腐文化游就可以更加丰富新颖、更加充满魅力和情趣的面貌，呈现在中外游客的眼前。

资料引自"寿县人民政府网"

捡豆（寿县文广新局/提供）　泡豆（寿县文广新局/提供）　磨浆（寿县文广新局/提供）

挤浆（寿县文广新局/提供）　　　　煮浆（寿县文广新局/提供）

杀沫（寿县文广新局/提供）

蹲脑（寿县文广新局/提供）

称卤水（寿县文广新局/提供）　　　压单（寿县文广新局/提供）

2. 草席生产

寿县草席生产中以板桥镇最为出名，板桥草席的发展始自20世纪60年代初，当地有人对席草的经济价值产生了兴趣，进行野生席草人工种植实验并取得成功。随后，板桥席草种植逐步推开，人工编织睡席取得一定成效。经过40多年的发展，板桥草席已经形成"公司+农户+基地+专业协会+专业合作社+市场"的农业产业化经营格局，席草种植乡镇由板桥镇发展到以其为中心的7个乡镇，席草种植面积达到6万亩，周边所有乡镇席草全部集中到板桥镇进行加工并贸易。

板桥草席（闵庆文/摄）

手工打草席（闵庆文/摄）

机械生产草席（张灿强/摄）

板桥席草基地（张灿强/摄）

2011年，板桥镇因席草产业化被安徽省政府批准为寿县唯一的产业集群化专业镇。

目前，板桥草席内贸量位居全国首位，占市场份额的60%左右。板桥镇年生产各类草席2 000万条，外贸出口草席6万条，席草种植、加工两项合计年创产值7.35亿元。全镇现有各类席草加工企业和加工户560家，其中规模企业17家，销售收入超5 000万的企业1家；拥有各类草席加工机械7 000余台，其中织席机械1 100台套，草绳机械6 400台套，草席烘干、绣花、拉丝、织席、平光、包边等配套成龙，各类从业人员3万多人。现有草制品三大系列30多个品种，企业产品有统一的质量标准，通过了ISO 9001质量体系认证，"板桥草席"商标多次获得"六安市知名商标""安徽省著名商标"等称号，线经本草席和蔺草空调席等产品多次获得"安徽名牌农产品""部优""省优"等称号。2011年，席草行业的产值占板桥镇工农业总产值的55%，是板桥镇的支柱产业。为此，板桥镇被列为全省百家产业集群镇之一。当前，板桥镇正在向国家工商总局申报注册"板桥草席"地理标志保护产品。

水利文明：一颗
灿烂的明珠

四

安徽寿县芍陂（安丰塘）及灌区农业系统

芍陂自始建以来，已经延续了2 600多年的水利效益，在灌溉淮南大地的同时，也滋生了丰富多彩的水利文化：对芍陂创建者孙叔敖的感恩与祭祀，逐渐演变成为对历代修建芍陂有功人士的祭奠，而且将人神化，并形成了一套完整的祭祀礼仪；同时，许多关于芍陂修建历程的碑刻、古书、拓片等也是水利文化重要的一部分，是考证芍陂、研究芍陂的重要历史资料；芍陂之所以2 600多年始终发挥效益，更要归功于其高效的水利管理制度，官方与民间共同发挥作用，岁修制度、用水管理等规章制度完善，也形成了独具特色的水利文化。

（一）
水神崇拜与祭祀

中国封建社会对祖宗的祭祀十分重视，在水利方面亦是如此，在《芍陂纪事·容川赘言》中，提出"安丰有五要"，其中将"钦崇祀典"列在首位，以报本源，认为祭祀大典不可偏废，即便是在大荒年间，也不能"昧本忘源"。在"靠天吃饭"的传统农业社会里，修建芍陂的先贤们为这一片土地的丰收带来了有利的灌溉条件，老百姓将这些先辈神化，以期求得庇护，祈祷年年丰收，风调雨顺。

芍陂的祭祀地点主要在孙公祠，孙公祠位于芍陂北堤，创建年代无法考察，北魏郦道元《水经注》载："有陂水北径孙公祠下"，可见此时已有孙公祠。孙公祠原建在芍陂北大堤上，东有老庙，西有安丰故城，面迎陂水。据《寿州志》载，明清两代对孙公祠迭有修葺。明成化十九年（1483），御史魏璋"重修之"；明成化二十二年（1486），知州刘概"增葺之"；明嘉靖二十六年（1547）知州栗永禄复修之；清顺治十二年（1655），知州李大升，因为孙公祠简陋，改建大殿在大树南（银

孙公祠内的拓片（寿县文广新局/提供）

杏树）；清康熙四十年（1701），州同颜伯珣改建大殿在树北。《孙公祠庙记》中记：当时祠有"殿庑门阁凡九所二十八间，僧舍三所九间，户牖五十有七户"，正门三间，高八尺，广七尺五寸，长一丈六尺。门首嵌有五块砖刻"楚相孙公庙"（现存碑厅内）。经过乾隆年间多次修

茸，孙公祠形成一套祠宇制度。孙公祠现位于寿县南30千米，坐北朝南，占地3 300平方米，建筑面积525平方米。现存有山门三间、还清阁（崇报门楼）两层6间、大殿3间、东西配殿各3间、回廊以及围墙等。

孙公祠碑刻保护（寿县文广新局/提供）

清代嘉庆年间夏尚忠在《芍陂纪事》中提到，孙公祠在明清两代有七次比较明确的修茸记载，在清嘉庆年间，有正殿三间，东西耳房各两间，东西庑各三间，崇报门楼三间，客堂三间，僧堂三间，厨房两间，院门一间，大门三间，便门一舍。每年春秋两季的季月仲丁日进行两次祭祀，由州司马行礼。在孙公祠祭祀的人物主要包括芍陂治水有功的官员、衿士和义民，正殿奉芍陂创建者楚令尹孙叔敖，感恩其千秋万代的功绩；东配明代寿州知州黄克缵，为纪念其驱逐占垦奸民的勇气和耿直；西配清代寿州知州颜伯珣，纪念其历时七年对芍陂兢兢业业的修治。东西庑还配祭汉代至清代治陂有功之48人，并以祭文仪注附在后面"木主"之后。

孙叔敖纪念馆正门（寿县文广新局/提供）

诗文中的孙公祠

孙叔敖庙

【清】【颜伯珣】

安丰县郭草离离，塘上巍然楚相祠。
乌鹊朝啼南国树，儿童醉卧岘山碑。
百年兵火妖氛后，万井桑麻霸业遗。
高下诸门零落尽，前贤岂不后人期。

芍陂楚相祠

【清】【周光邻】

楚相祠前柏荫清，芍陂晴藻碧烟横。
欲知遗泽长留处，三十六门秋水声。

游楚相祠

【清】【夏俱庆】

楚相祠边落叶秋，登楼一望兴悠悠。
游人欲访当年事，大泽与今并水流。

祭祀物品的摆放位置

西庑陈设	西配陈设图	正殿陈设图	东配陈设图	东庑陈设
三席 豕羊分列两头 帛祝文在案中 烛在案两头 其余陈设仿 二配	和 羹 菱鱼稻麦鸡藕 水虾　　虾金 芹　　　针 烛　帛　烛 　　文 豕　羊纸锞 香　　一 一　　束 束 　　爵	羹牲馔 菱鸭菽稻鸡藕 芡鱼麦粮鹅芥 水虾　　虾金 芹　　　针 香案 　祝 烛文　烛 豕　　羊 烛帛烛 爵爵爵	和 羹 菱鱼稻麦鸡藕 水虾　　虾金 芹　　　针 烛　帛　烛 　　文 豕　羊纸锞 香　　一 一　　束 束 　　爵	三席 豕羊分列两头 帛祝文在案中 烛在案两头 其余陈设仿 二配

　　整个祭祀有整套的祭祀礼仪，并且祭祀物品都有严格的摆放位置，与这些祭祀仪式和陈设相配的还有祭文，分别是对孙叔敖、黄克缵、颜伯珣以及其他治陂之人的祭祀，往往以"维年月日，某名谨以刚獵柔毛、清酌庶品之仪致祭于……"表达对芍陂修建、治理的先辈们的敬仰。

芍陂春秋祭祀的整个礼仪

　　主祭者在祭祀前一日须审察祭祀用的牲畜，以示虔诚，叫"省牲"。接着赞唱："就位。"主祭者就揖一揖，行省牲礼，然后转至牲所以酒洒地，再举酒灌牲耳，复位，在祭所作揖礼，礼毕，退。

　　祭祀之日，祠内陈设齐整，主祭以下皆穿公服，通赞作为祭祀礼仪的主持人，唱道："执事者各司其事，伐鼓，考钟，主祭官就位，瘗毛血，迎神，跪，叩首，三，起立。"

　　接着通赞唱："主祭者行初献礼盥洗。"

　　引赞云：诣盥洗所，濯手，进市，盥洗毕。

　　引赞又云：诣酒樽所。

司樽者举幂酌酒，捧樽引至神前云："代跪，上香，献帛，献爵，读祝，俯伏兴。行分献礼，俯伏兴。复位。

通赞唱："行亚献礼。"不盥洗，不读祝，余同初献。

三献也是如此。

三献毕，通赞唱：饮福受胙。

引赞云：诣饮福受胙所，跪。

递爵于主祭者云：饮福胙。

递牲盘于主祭者，云：受福胙。俯伏，兴，复位，撤馔，跪叩首三，起立，送神。

通赞又唱："读祝者捧祝，司帛者捧帛，各诣瘗所，引主祭者望瘗。"

引赞云：诣望瘗位望瘗，揖，复位。

通赞唱：焚祝帛。礼毕。

资料源自[清]夏尚忠的《芍陂纪事》

祭祀还少不了祭田。孟子曰：唯土无田，则亦不祭，孙公祠也是如此。清代颜伯珣时期，为了恢复庙祀，清查了荒废多年的祭田情况，包括明代滁守孙公置田若干、古荒若干，再加上"文运河田变价置田若干，又得皂口闸之田若干"，于是"祀事亦綦隆矣"。

孙公圣迹展厅（寿县文广新局/提供）

　　另一方面，孙公祠不仅是求得祖先庇护的祭祀场所，还成为当地官民商议水利大事的议事场所。在某种程度上，这个地方即是神圣的象征，务必尊重和敬仰，"春秋两季，各董须齐聚孙公祠，洁荐馨香"。平日所罚之款，也交孙公祠存放，备塘务之用。

　　总之，寿州人民对历代修治芍陂有功之人的祭祀，体现了祭祀者三方面的情感：一是对先贤的感恩与纪念；二是求得风调雨顺、农业丰收的庇护；三是对当世治陂者、治水者的鞭策与警示。

（二）
水利文化传承

　　芍陂选址科学，工程布局合理。据《安徽通志·水系稿》载，芍陂有三源："一淠水，今湮塞；一淝水，今失故道；一龙穴山水"。芍陂承蓄南来充沛水源，居高临下，向西、北、东三个方向灌溉田地，衔控13万公顷多的淠东平原。蓄溉关系考虑十分周到。它的创建，为后起的大型水利工程，提供了宝贵的经验。

　　在孙公祠的基础上，当地修建了孙叔敖纪念馆，现孙叔敖纪念馆共三进院落，正殿奉楚令尹孙叔敖像，东配明寿州知州黄克缵"木

全国重点文物保护单位寿县安丰塘（芍陂）（戚士章/摄）

主"，西配清寿州州同颜伯珣"木主"；东西庑配祭汉至清代致力于芍陂
兴利的官宦48人，汉庐江太守王景以及兖州刺史邓艾位居前列。现存大
殿、还清阁、崇报门和明清间碑刻19方。大殿三间，位于后进，硬山、
马头墙、前提檐、立贴式梁架。还清阁位于中进，阔三间，深一间，两
层密檐式，墙面出单挑砖雕华拱以承檐下。崇报门为前进，又称碑厅，
面阔四间，东间阔3.3米，自东至西各间面依次递减；门设东边第二间
正中，异于大殿，还清阁设门于明间的对称格局。

孙叔敖纪念馆内（寿县文广新局/提供）

碑厅内外墙上，嵌有近年自祠之内集中起来的碑刻19方，这些碑文
记载，是研究芍陂历史、区域发展史及中国水利史不可多得的珍贵资
料，记载了各个历史时期，芍陂的源流变迁，修治规模、内容、方法和
治理后的效益，以及主治者的劳绩。其中明代石刻塘图，可见塘的位
置、水源、斗门、灌区概况，在水利科学史上有较高价值。芍陂关于碑
文的记载，最早应是东汉王景修治芍陂后所立的"铭石刻誓，令民知
场禁"碑，因年代久远，惜已失传。现存最早的碑记，是明成化十九

年（1483年）《明按院魏公重修芍陂记》。乾隆四十年梁书丹之草体《重修安丰塘碑记》，还具有很高的书法艺术鉴赏价值。此外，遗存下来的有关芍陂的诗词、书籍、砖雕、拓片以及出土的文物，都是研究芍陂乃至中国水利史的珍贵资料，它们从不同角度，反映了当时社会政治、经济、文化的状况。

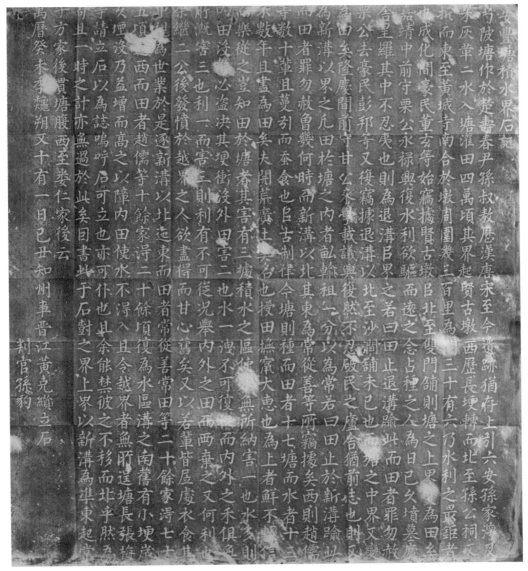

孙公祠内芍陂碑刻《本州岛邑侯黄公重修芍陂界石记》

碑文：本州邑侯黄公重修芍陂界石记

公自撰文（明万历十年）

　　芍陂塘作为楚令尹孙叔敖，历汉唐宋元至今，遗迹犹存。上引六安孙家湾及朱灰革二水入塘，灌田万顷。其界起贤姑墩，西历长堰，转而北至孙公祠，又折而东至黄城寺，南合于墩，围凡一百里，为门三十有六，乃水利之最巨者也。成化间，豪民董元等始窃据贤姑墩以北至双门铺，则塘之上界变为田矣。嘉靖中，前守栗公永禄兴复水利，欲驱而远之，念占种之人为日已久，坟墓庐舍星罗其中，不忍夷也，则为退沟以界之。若曰：田止退沟踰此而田者罪勿赦。栗公去，豪民彭邦等又复窃据退沟以北至沙涧铺，未已也，而塘之中界又变为田矣。隆庆间，前守甘公来学，载议兴复水利，然不忍破民之庐舍，犹前志也，则又为新沟以界之。凡田于塘之内者，每亩岁输租一分，以为常。若曰：田止于新沟，逾此而田者，罪无赦。曾几何时，而新沟以北，其东为常从善等所窃据矣；西则赵如等数十辈且蔓引而蚕食也。以古制律今塘，则种而田者十之七，塘而水者十之三，不数年且尽为田矣。夫开荒广土美名也，授田抚窜大惠也，鲜不轻作而乐从之。岂知田于塘者其害有三：据积水之区使水无所纳，害一也；水多则内田没，势必盗决其埂，冲没外田，害二也；水一泄不可复收，而内外之禾俱无所溉，害三也。利一而害三，则利有不可从。况举内外之田而两弃之，又何利也。余继二公后，发愤于越界之人，欲尽得而甘心。旧矣，又以若辈皆居处衣食其中，视为世业。于是逐新沟以北迤东而田者常从善、常田等二十余家，得七十五顷，迤西而田者赵如等十余家，得二十余顷复为水区。沟南旧有小埂，岁久湮没，乃益增而高之，以障内田，使小水不得入，且令越界者无所逞。塘长张梅等请立石以为记。呜呼！石可立也，亦可仆也，且余能禁彼不移而北乎？然为苟且一时之计，亦无过于此矣。因书此于石树之界上。界以新沟为准，东起常子方家，后贯塘腹，西至娄仁家后云。

　　万历癸未季秋朔又十有一日乙丑　知州晋江黄克缵立石。

　　（引自《芍陂纪事·碑记》）（注：此碑现存孙公祠内）

（三）
工程管理与用水制度

完善的水利管理制度是芍陂灌溉农业持续发展运用的保障。芍陂水利管理采用官方和民间结合的管理模式，具体包括工程管理和用水管理，在其历史发展过程中，管理制度及相关的规章逐步完善，有的延续保留至今，它们是灌溉农业文化遗产的重要构成。

芍陂的管理属于官方管理、民间参与的模式。芍陂的历次修治，都与寿州地方官的大力支持积极相关，《芍陂纪事》（清代夏尚忠著）有这样一句话："从来一事之兴，必有一人之雄才大略，以垂鸿业于不朽；一事之废，亦必须一人之救弊补偏，以承丰功于不坠，伊古以来，凡物皆是。"又说："得人者兴，失人者败。"为了统治的需要，寿州历代地方官多数能够认识到水利工程对地方农业的重要灌溉作用，并不遗余力地加以维护和发展，也是芍陂能够延续两千多年的重要原因。芍陂发展史上历次修治的领头人物，从王景、刘馥、邓艾到赵轨、栗永禄、颜伯珣，无一不体现了这一点。

芍陂碑刻拓片（寿县文广新局/提供）

明代成化年间，魏璋（1483）担任监察御史驻守寿州时，对于沿陂居民侵占陂塘的情况严加制止，并命手下疏浚上流，修复水门。这一工作尚未完成，魏璋就奉命还朝，此事于是中止，"居民贪得之心复萌"（夏尚忠《芍陂纪事》）。等到监察御史张萧（1484）继任此官，又重新严加惩治，芍陂修治工作才得以恢复，可见地方官支持在芍陂发展中所起的作用。

芍陂作为淮南地区重要的灌溉陂塘，三国时期已经有了稳定的岁修制度。邓艾时在芍陂屯田，岁修应该由屯军进行。到西晋太康后期，已由农民岁修。《晋书·刘颂传》中记载："旧修芍陂，年用数万人，豪强兼并，孤贫失业"。根据《芍陂纪事》，清光绪年间《新议条约》中即立"勤岁修"条款，规定每年在农暇时期，各该管董事"必须验看需修补处，起夫修补"，使塘堤"一律整齐"，并且"亦不妨格外筑，令坚厚，不得推诿"。

明清以前芍陂的管理。早在西汉时期，芍陂就设有陂官。《汉书·地理志》提到"九江郡，秦置。高帝四年，更名淮南国。武帝元狩元年，复故。有陂官、湖官。"当时淮南国下辖十五县中，只有寿春记载有比较大的陂塘，因此可推测陂官为芍陂管理的官员。东汉设有都水官。1959年，在芍陂东北角出土的东汉时期的堰坝遗存中，有铭"都水官"的铁锤，证明此时已有"水官"的存在。《后汉书·王景传》，还记载了东汉建初八年王景修治芍陂期间，曾"铭石刻誓，令民知常禁"，但具体内容已经遗失。宋代芍陂设有陂长。宋代"宾堤三十六门，均水与入，各有先后"，说明

三十六门放水有先后顺序。到清代之前，芍陂的大型修治、管理、用水、护塘、祭祀基本都是在官府主持下进行的。

东汉都水官铁权

明清时期芍陂的组织管理制度。明清两代以前，芍陂的工程管理主要是在前人基础上进行修治和利用，而修治也主要是疏浚水源和增补堤坝，除了隋代赵轨开了三十六门之外，芍陂工程上基本没有大的变化，相对较为成熟的管理制度尚未形成。

明清之后，芍陂被占垦日益严重，明清历代寿州官员虽然意识到了占垦的严重后果，制定了较为严格的规章制度，但具体到执行上，对占垦者的惩治手段还是相对较为温和。清代颜伯珣之后，芍陂塘埂又多被开占，许多埂堤被挑平播种成田，自盖房屋，私栽树木，环塘比比皆是。官府本应严惩，但考虑到"乡愚亦可矜宥"，

于是"宽其以往，严禁将来"(《芍陂纪事》，夏尚忠)。对于堤外私自占田者，要求恢复堤埂旧制，已成地者，要追入公，以备公用。塘内私自占为田地者，在追入公的同时，丈明亩数，并把这些田地招佃收租，如果原占有人愿意租种，可以允许佃种。这种做法从民生的角度，在一定程度上制止了占塘为地的做法，但也正是因为惩罚不够严厉，造成了清代末年陂塘屡屡被占、屡禁不绝的情况。

清代夏尚忠在《芍陂纪事》中，针对一些破坏陂塘和堤埂的现象，比如河源阻坝、河身会坝、盗决塘埂、暴涨自决、拦门张罐、拦沟筑坝等六种情况，提出了一些管理办法。针对河源阻坝的现象，要求清除人们自行在上游的拦坝。在塘内张网捕鱼，将会严重阻碍流水的畅行，塘

芍陂碑刻（张灿强/摄）

长会在每年春初出示晓谕，不遵守者将统一处治，塘长自身不尽职尽责，同样要追究责任。盗决塘堰者，更是处罚严重，"严申禁令，督责看守，遇有盗决，罪人务得。倘被逃脱，亦必根查，勒拿严究，顽民畏法，且惧赔修。盗决之害，或可稍息。"甚至在乾隆初年，还有杨姓人氏盗决塘堰，被报官，要求赔修，以致贫穷到楼房尽卖的程度，以示惩戒。为预防塘水暴涨自决，在实行责任制的同时，还进行分段治理，仍然是董事访查，由塘长派令近堰居民，昼夜巡查，不得懈怠，否则看守、近堰居民都要承担责任。对于拦沟筑坝的情况，自清代颜伯珣以来就一直让使水者遵循先远后近的规则，近者如果不遵守规则，远者可以指出来，以保证挨堰远近土地都有所灌溉，放完水之后，门头关闭，并继续上锁，但是颜伯珣之后近百年，芍陂近处居民不顾远处田地，私自灌溉，拦沟筑坝等现象十分严重，甚至发生动武受伤的现象，鉴于此，当时也曾采取过严重的警告包括使用刑法。此外，当时也对拦门张罳的诸多危害，特别是对门闸的破坏性作用有深刻的认识，曾经对此严加追究。

清代以后，芍陂形成了在官府扶持下，以地方官为领导，乡绅、衿士、义民提议、辅助、监督，董事、塘长、门头、闸夫、夫役等具体参与的管理系统。《芍陂纪事》里提到芍陂"有水门三十六，门各有名，有滚坝一，有石闸二，有杀水闸四，有溦水桥一，有圳有堨，有堰有圩。时其启闭盈缩，有义民，有塘长门头，有闸夫。"地方官主要包括监察御史、兵宪、州刺史、知州、州佐等。明清历次修治芍陂，一般是当地义民或者乡绅衿士提议，在寿州知州等官员的大力支持下开始的。在具体的修治过程中，这些义民、衿士会辅助这些地方官员指挥、督促役工。而在更为具体的执行过程中，则是芍陂的董事、塘长、门头、闸夫、夫役以及广大劳动人民来实施。

明清时期芍陂的水事纠纷及其治理

明清时期芍陂水事纠纷主要有占垦芍陂、河源阻坝、拦沟筑坝、盗决塘堰、罾网张罳五种纠纷类型。从纠纷产生的原因看，很多水事纠纷都与芍陂水生态环境负向变迁、行政区划与水系边界的矛盾和经济利益冲突有着直接或间接的关系。

　　唐宋以降，芍陂来水不足以及芍陂附近地区频发的旱涝灾害所呈现出来的水生态环境负向变迁，是芍陂水事纠纷多发的自然原因；行政区建置分割芍陂水系进行管理的行政体制，则是芍陂上下游、六安和寿州行政区之间水事纠纷发生的制度因素；利益追求的驱动，各种经济利益的冲突，是芍陂多元水事纠纷类型产生的内在动因。

　　针对芍陂多种水事纠纷的不同情况，明清地方官府和民间社会通过修复芍陂、加强芍陂管理、制定芍陂水利规约，以及行政会商调解、行政裁决和处罚、诉讼、立碑示禁等多种方式，本着尊重历史、恢复原状、利益均沾、区别对待的原则，构建起了较为有效的水事纠纷治理机制。这种官府主导、士绅介入、民众参与，上下联动的水事纠纷治理机制，在某种程度上预防了芍陂一些水事纠纷的发生，降低了芍陂水事纠纷爆发的频率以及纠纷冲突的危害程度，对淮域地方社会的稳定产生了积极的影响。

　　资料来源：张崇旺.论明清时期芍陂的水事纠纷及其治理.《中国农史》2015年第2期

　　清光绪三年（1877），任兰生修治芍陂后，订有《新议条约》共16条，对工程管理、塘堤和口门的维修养护、用水制度以及岁修等，做出了具体规定，并且订立了明确的奖惩制度，并且发给环塘农户，要求"家置一编，永远遵守"。

清代光绪年间《新议条约》

　　重祠祀。春秋两季各董事须齐集孙公祠洁荐馨香，塘务有应行修举者，即于是日议准。

　　和绅董。凡使水之户，无非各绅董亲邻，各有依傍该董事等，务须和同一气，不得私相庇护，致坏塘规。

　　禁牧放。塘内时生水草，牧者皆求刍其中，水大时不便内放，往往赶至堤上，最易损堤。是后有在堤上牧放者，该管董事将牧畜扣留公所议罚。牧牛之场，牧人各邀有牛之户，随时修补，若有损塌，即为牧人是问。凡送牛者，宜各循牛路送至牛场；其不送至牛场即放者，有损塘堤即罚送牛之户；牧人任牛损坏塘堤而不拦止者，即罚牧人。

慎启闭。塘中有水时，各门上锁，钥匙交该管董事收存，开放时须约同照知。祝字上门、祝字下门田多水远，须先启五日，迟闭五日。并三陡门水远，须先启三日，迟闭三日。若塘水不足，临时再议，他门不得一例。各涵孔不能上锁，亦同门一例启闭，违者议罚。

均沾溉。无论水道远近，日车夜放。上流之田，不得拦坝夜间车水，致误下流用水，违者议罚。

分公私。各门行水沟内行者为公，住者为私，不得乱争，违者议罚。

禁废弃。门启时，田水用足，即须收闭沟口，水由某田下河，该管董事究罚某家。若系上流人家开放不闭，即究罚上流人家，不得袒护。

禁取鱼。各门塘堤内有挑挖鱼池者，查明议罚。其现有鱼池，限半月内务自填平，违者议罚。塘河沟口如有安置坐罾拦水出进者，该管董事查知，务将罾具入公所，公同议罚。各门放水，如有门下张鳝、门上安置行罾者，亦将器具入公议罚。

勤岁修。每年农暇时，各该管董事须看验宜修补处，起夫修补，即塘堤一律整齐，亦不妨格外筑令坚厚，不得推诿。

核夫数。查问章某门下若干夫，遇有公作，照旧调派，违者由各董事禀究。

护塘堤。塘水满时，该管董事分段派令各户或用草荐，或用草索沿堤用桩拦系，免致冲坏，违者议罚。

善调停。各门使水分远近，派夫分上中下，水足时照章日车夜放，上下一律。若塘水涸时，上下势难均沾，争放必生事端，尽上不尽下，犹为有济，上下不得并争，违者议罚。

凡应行议罚各款，如有不遵，公同禀官差提究治，仍从重议罚。其有绅衿作梗者，禀官照平民倍罚。

罚出之款，交孙公祠公同存放，以备塘务之用，每年春秋二祭时，各董会集核算，以免侵渔。

资料源自夏尚忠[清]：《芍陂纪事》卷下《新议条约》

民国时期芍陂的管理。民国十四年（1925年）5月18日，安丰塘受益农户首次举行塘民大会，通过了成立管理组织、实行分段管理为主要内容的表决案。民国二十年（1931年），依据《安丰塘水利公约》的规定，由塘民大会选举产生了安丰塘水利公所。水利公所由执行委员12人，监察委员3人，书记兼会计1人，共16人组成，所有成员经塘民选举后，报寿县县政府备案委聘。水利公所把全塘分为南、北、中三段，每段设临时性办事处，由各段执行委员和监察委员督促塘长、门头就近管理。民国二十九年（1940年），废水利公所，由环塘绅士组成安丰塘塘工委员会，负责用水管理及岁修。塘工委员会下设工程和总务股及工所长，由导淮委员任命1人为水文监测员，按时记载和整理水文资料，上报导淮委员会。

远眺芍陂（王斌/摄）

1931年6月，塘民大会会议成立安丰塘水利公所，订立了《寿县芍陂塘水利规约》，并印刷成册，发至环塘农户。包括组织管理、塘务管理和使水规则三部分。工程管理的部分主要包括：①塘内不许捕鱼、牧牛、挑挖鱼池、牛尿池、私筑坞坑。②塘中罾泊阻碍通源，斗门张罐害公肥私，应随时查禁。③牛群及其他牲畜践踏塘堤，应责成各该牧户随时赔垫。④筑河拦坝，堵截水源，立即铲除。⑤斗门涵窨及车沟向有定额，有私开车沟、私添涵门者，应掘去或填平。⑥侵占公地，盗使堤土，应责令退还或培补。⑦赔垫塘堤，堵塞破口，须兴大工者，由环塘按夫公派；斗门毁坏或冲破，由该门使水花户修理。⑧斗门尺寸均有限制，按夫规定大小，不得放大。

清末民国时期芍陂治理与水利规约

在清末民国的历史变迁中，芍陂治理时断时续，地方政府和民间社会在长期的治理中，逐步就芍陂的治理达成共识，最显著的标志就是水利规约的形成与施行。这些水利规约内容丰富，涉及约束性条款、使水规则、职责义务、计划书等，使环塘民众进一步形成了维护芍陂水利的共识，遏制了对芍陂的非理性侵占，规范了环塘民众的用水行为，是维护芍陂水利工程的重要保障，对芍陂灌溉效益的延续起到了积极作用，不足之处是水利规约在动荡的时局中，往往为地方豪强势力所摈弃，成为一纸空文。

民国时期芍陂的治理经历了从被动到主动治理的过程，在这一过程中，政府水政组织、民间组织积极参与其中，在制度上进一步规范了芍陂管理的体系，同时又在技术层面对芍陂进行了科学测量以及设计施工，使芍陂水利一度获得新发展，为建国后芍陂水利复兴奠定了基础。

资料来源：李松．民国时期芍陂治理综述，《铜陵学院学报》，2011年第2期。陶立明．清末民国时期芍陂治理中的水利规约，《淮南师范学院学报》，2013年第1期

安丰塘的灌溉管理，宋代以前无考。明代记载简约，具体内容不详。清康熙三十七年（1698年），寿州州佐颜伯珣修治安丰塘后，订立了"先远后近，日车夜放"的灌溉用水制度。灌溉季节，由沿塘各斗门的门头开启斗门，夜间放水，次晨水可到沟稍，然后按先远后近的规定车水灌田。水车应距渠道丈余安放，不准伸至渠中，以保证渠水向下畅流。放水灌溉时，由塘长派员沿渠巡查，以防跑水和查禁违例者。日落停车，夜间放水，循环往复，渠水不竭。所有农田全部灌完，由门头锁闭斗门，钥匙交公。清嘉庆初年，这一制度遭到破坏。拦渠筑坝，私开沟口，因争水械斗致伤致命时有发生。清光绪五年（1879年），订立了

《新议条约》，明确规定了"均沾溉"的原则。《新议条约》承袭了康熙年间制订的"先远后近，日车夜放"的制度。为了实现"均沾溉"的目的，针对放水期间容易出现的问题，增加了新的内容规定斗门启闭之前"约同知照"，渠长田多的斗门先启迟闭；渠短田少的斗门后启先闭。遇有干旱，塘内蓄水量少时，难以做到"均沾溉"，采用救近舍远的供水方法，使有限水量能够取得一定效益。对违犯条约，或知情不报、私相庇护者，一律秉公议罚。

芍陂景观（赵阳/摄）

民国时期，订有"使水规则"。由于当时塘工委员会属于民间组织，遇到地主豪绅违背"使水规则"，便不能行使职权。干旱时期，地主豪绅私开斗门，拦渠打坝，垄断水源，被称为"阎王坝"，广大农民很少有灌水的机会，当时芍陂一带传有民谣就描绘了这种情况："安丰塘水贵如油，有钱有势满田流。地主豪门鱼米香，农民只吃菜和糠。安丰塘下哪安丰？穷人讨饭走他乡。"所以，当时的订水规则大多都是一纸空文。直到1949年沿塘还残存着"阎王坝"的痕迹。

中华人民共和国成立后至1958年，安丰塘管理处根据灌溉范围内农田的远近，采用不同的灌溉方式和管理制度。距塘三里左右为一路田，全部自流灌溉，距塘三至五里为二路田，可自流灌溉，亦可提水灌溉；距塘五里至八里为三路田，全部提水灌溉；距塘八里以远的为四路田，只能用到尾水。为了解决远近用水不均的矛盾，管理处制订了"先高后洼，先远后近，先水田后旱田，先高产田后低产田，先灌田后灌小塘"的五先五后制度。放水灌田前，先将渠道充满，由管水员举起红旗。各生产队放水员见红旗举起，按"五先五后"的规定放水灌田。

1958年，安丰塘纳入淠河灌区统一规划后，按科学供水的要求，实行计划用水制度。每年春初，安丰塘管理处根据灌区范围内的种植计划，以及安丰塘的蓄水情况，编制全年灌溉用水计划，报寿县水利电力局，由寿县水利电力局综合后，报六安行署水利电力局核定。1982年起，安丰塘灌区的用水计划，由寿县水利电力局报安徽省淠史杭灌溉管理总局核定后，按计划分渠道供水。各区、乡根据农作物品种和茬口安排，拟订需水量、放水时间、放水流量，向安丰塘管理处提出用水申请，经调查核实后供水。

水量调度权集中在水利部门。大闸的启闭运用，涵闸的启闭由安丰塘管理处统筹安排。灌水方式根据蓄水量、水情和雨情而定。正常情况下，全面灌溉，上下游兼顾农作物需水的关键时刻，集中力量放水，控制小斗门，压缩大流量，以保证水路较远的农田能灌上水。为防止跑水、争水，安丰塘管理处与各管理段职工，配合乡、村干部沿渠检查，并派员日夜巡守。在旱情严重，或监督、巡查力量不足时，也发生过程度不同的跑水、浪费水的现象。

为了改进灌水技术，提高灌溉效益，1954年冬，安徽省水利厅与安

芍陂秋色（戚士章/摄）

丰田水利委员会配合，在双门乡瓦庙村进行浅水勤灌对比试验。选择经过平整的3.8亩农田为试验田，田中筑一道埂，浅水勤灌和中田漫灌各为1.9亩。1955年秋收结果，中田漫灌的田亩单产250千克浅水勤灌的田亩单产335千克。对比试验结果，产量显著提高。但因浅水勤灌费工费时，群众习惯于中田漫灌，在大面积推广时受阻而中辍。

1957年，安丰塘管理处使用量水堰，进行控制用水量试验。先在戈店乡韩堰口的20多亩农田试行，后扩及冉庄农业生产合作社。后因降水、蒸发、渗漏等因素控制不住，无法进行科学分析，每亩实际灌水多少计算不出来，故未坚持下去。

安丰塘的水费征收

安丰塘的水费征收始于1953年9月，分放水、漾水、车水三等，逐户登记田亩，按亩相收。平均每亩征收0.30元。1954年因水灾免征、1955年恢复征收，至1958年，水费征收标准未变。征收的水费由安丰塘管理处支配，主要用于工程的岁修和机械维修养护。

1958年，安丰塘纳入淠河灌区后，采取按亩计征，按等级收费，1959年分五等：一等田每亩收0.75元，逐等递减0.05元，五等田收0.55元。1979年改为三等，一等田每亩收1.10元，二等田每亩收1.00元，三等田每亩收0.90元。1980年一等田每亩收1.50元，二等田每亩收1.35元，三等田每亩收1.20元。1982年，省政府批转淠史杭总局水费征收办法后，由于安丰塘灌区设施配套不完善，不具备计量收费条件，故按亩征收。田不分等，每亩田收2.60元。1984年又改为三等：一等田每亩收2.60元，二等田每亩收2.30元，三等田每亩收2.10元。1985年田又不分等，每亩收3.40元。1989年起，每亩增加到4.50元。

1965年开始，水费由乡政府统一征收。午季预交，秋季结算，年底清账。乡政府提成20%。1985年起，乡政府提15%，区政府提取手续费1.5%。乡政府扣除提成后交区政府，区政府提取手续费后交安丰塘管理处，管理处全部上交寿县小利电力局。各乡水费基本无拖欠，有些乡一季就完成了全年的征收任务。如遇自然灾害等原因，水费也随农业税减免而减免。

资料源自《安丰塘志》

当前，芍陂灌区由寿县水务局安丰塘分局管理，经费由国家财政全额拨款。安丰塘分局形成了完善的制度体系和操作规程，包括"工程管理及灌溉管理制度""防汛抗洪及规章制度""安丰塘水库淠东干渠防汛除涝预案""水政监察的基本任务和职责""水政检查员守则""水政水资源股任务和职责""水政监察员权利""水政复议应诉制度"等，还有相关水闸的运行管理及启闭操作规程。

寿县安丰塘水务分局（王斌/摄）

五

楚国遗风：地方文化的渊源

安徽寿县芍陂（安丰塘）及灌区农业系统

　　寿县曾为战国时期楚国的国都，是楚文化的故乡，并以楚文化为底蕴形成了独特的乡土文化。春秋时，楚国势力逐渐转向东方扩展。穆王四年（公元前622年），楚灭六、蓼，后又灭舒入巢，楚文化开始进入江淮地区。庄王时，楚令尹孙叔敖造芍陂（即今安丰塘），加速了此地经济的增长，从而为楚文化的发展创造了条件。怀王时（公元前328—前299年），楚已据有两淮地区，楚文化的影响日益扩大、加深。考烈王元年（公元前262年）此地为春申君黄歇的食邑。在黄歇的积极经营下，建筑、熔铸、农业等得到了较好的发展。考烈王二十二年（公元前241年）楚徙都寿春，寿春的地位发生了巨变，使寿县很快成为拥有数十万人口的大都会，是楚国后期政治、经济和文化中心。

寿县古城远眺（赵阳/摄）

寿县历史悠久，文化灿烂，1986年被国务院命名为国家历史文化名城。这里是楚文化的故乡、中国豆腐发祥地、淝水之战古战场、中国古代百科全书《淮南子》的诞生地，发源于此的世界管状射击武器、垂体激素药物、中国豆腐制法、"天下第一塘"安丰塘，被世人称为"四个世界之最"，寿春楚文化在中国乃至世界历史文化长河中闪耀着璀璨夺目的光芒。

（一）
行政沿革

寿县古属淮夷部落，夏寿地属扬州，殷商如制，周为六、蓼国地。春秋战国时期，吴楚争霸，先后为楚、吴占领，后为蔡地，楚灭蔡属楚。公元前241年楚考烈王二十二年迁都寿春，命曰"郢"，历经四王。公元前223年，秦灭楚于寿春，秦设九江郡，置寿春县，为郡治。汉灭英布，刘邦立其子刘长为淮南王，都此；刘长死，其子刘安

寿州古城图（王斌/摄）

寿县新城风貌（赵阳/摄）

袭之，仍都此。公元前122年武帝设九江郡治所在寿春。东晋孝武帝时，因避帝后郑阿春讳改寿春为寿阳。南齐代宋，复称寿阳，为豫州治所。北魏略淮南，再称寿春，为扬州治兼淮南郡治所。东魏据淮南，寿春复为扬州治所。公元588年隋置淮南行台尚书省，治所寿春。公元620年唐改淮南郡为寿州，隶于淮南道，领三县。宋太祖时，寿州（治下蔡）隶于淮南西路。公元1116年徽宗升寿州为寿春府。公元1142年南宋置安丰军，军治在安丰县，寿春隶之。元代，取消府治，属河南行省之安丰路，治所寿春。明初废安丰、下蔡县，将两县地入寿州，属凤阳府，领霍邱、蒙城。清初，寿州属江南省凤阳府，领二县。公元1865年安徽置三道，寿州隶于凤颍六泗道（后改为皖北道）凤阳府。

公元1912年民国废道府，改寿州为寿县，直隶于安徽省。1932年，全省分为十个行政督察区，寿县属第四区，1940年改属第七区，同年7月又改属第二区。1949年元月，寿县和平解放，军管时期受中共江淮区党委二地委领导；同时，以寿县瓦埠湖以东与合肥、定远县毗连地区建置寿合县；2月，军事管制委员会撤销，民主政府成立，寿县改隶于皖西行政公署；6月，撤寿合县建制，原划出的瓦东地区仍归寿县，寿县隶于皖北人民行政公署六安专区。1952年8月隶于安徽省六安专区，1958年12月改隶于淮南市，次年4月寿县再隶于六安专区。1999年12月撤六安地区设市，寿县属六安市。2015年12月3日，国务院批复同意将六安市寿县划归淮南市管辖。

目前，寿县人民政府驻寿春镇，全县辖22个镇、3个乡：寿春镇、双桥镇、涧沟镇、丰庄镇、正阳关镇、迎河镇、板桥镇、安丰塘镇、窑口镇、堰口镇、保义镇、隐贤镇、安丰镇、众兴镇、茶庵镇、三觉镇、炎刘镇、刘岗镇、双庙集镇、小甸镇、瓦埠镇、大顺镇、八公山乡、陶店回族乡、张李乡，35个农村（社）居民委员会，234个村民委员会，11个城市社区居民委员会。

（二）
楚文化

楚原本为江汉间小国，与江淮地区的寿县相隔千里。春秋以降，楚在南方崛起，北上中原，东进江淮，征战于江汉与淮水之间，争雄称霸，一跃成为南方大国。从楚入江淮，至迁都寿春（命曰郢），到为秦所灭，楚在江淮经营达数百年之久。

战国晚期秦将白起拔郢（公元前278年），迫使楚东迁淮阳，楚政治、经济、文化中心也相应东移。至战国晚期后段，随着楚考烈王迁都寿春（公元前241年），寿县实际上已成为楚国东境的政治、经济、文化中心，真正高度成熟的楚文化最终沉淀于寿县。

楚东进不仅结束了江淮之间小国林立、诸侯割据的局面，促进了地区经济发展，更重要的是推进了区域文化交流与融合，其先进的文化逐步渗透并影响至这一地区，最终融合当地的淮夷文化。

见证历史沧桑的古城墙（赵阳/摄）

楚文化是我国古代一支极其灿烂的历史文化，它同吴越文化和巴蜀文化一起，被誉为"盛开在长江流域的三朵上古区域之花"，对中国历史文化产生过巨大影响。寿春楚文化是汉代文化的直接来源。寿春楚文化风格趋于中原文化体系，具有浓厚的地方特色，自春秋中后期至战国晚期，随着寿县地区归属楚地，其文化体系也发生了根本性的转变，即两湖地区楚文化在寿县的发生发展与淮夷文化相互影响、渗透、融合，形成独具风格的寿春楚文化。

楚郢都。寿春本是蔡国最后的都城下蔡。公元前447年楚人灭蔡，其地属楚。《史记·春申君列传》载观津人朱英对春申君说："魏旦暮亡，不能爱许、鄢陵，其许魏割以与秦，秦兵去陈百六十里。臣之所观者，见秦、楚之日斗也。"在强秦的威逼下，不得不放弃陈城，再次迁都，东徙寿春，到公元前223年秦虏楚王负刍止，楚国在此建都近20年，史称"寿郢"。

淮南古镇正阳关（戚士章/摄）

　　根据出土文物分布状况和现代高空遥感摄影分析，楚郢都当时规模宏大、气势壮观，其面积超过纪南城、临淄城、侯马晋城、曲阜鲁城、邯郸赵城及郑韩故城的规模，仅稍逊于燕下都遗址。"寿县柏家台大型战国宫殿遗址"被国家首批列为中国十大考古发现之一。司马迁在《史记·货值列传》中说："郢之后，徙寿春，亦一都会也"。

隐贤老街（赵阳/摄）

楚怀王时，楚郢都已是商贸往来要津。《汉书·货值列传》称："陈在楚、夏之交，通鱼盐之货，其民多贾。"《汉书·地理志》载："寿春、合肥受南北潮皮革、鲍、木之输，亦一都会也。"

楚金币。楚金币是我国古代最早的黄金铸币，也是世界古代最早的黄金铸币之一。新中国成立前后在寿县境内陆续出土楚金币172枚，总重量达24 637.1克，占全国各地出土量总和的¾以上，为研究中国货币史特别是楚国的铸币制度及商品经济的发展提供了极为珍贵的实物资料。

楚金币（张灿强/摄）

楚铜器。青铜器是中国古代文明的标志之一，楚青铜器是楚文化的代表，在寿县出土的"鄂君启金节""大府铜牛"等青铜器均为楚王的铸物。楚国青铜器的铸造，不仅在数量上为列国之冠，而且在质量上也居于上乘，工艺精湛、美观、耐腐蚀，入土两千余年而不毁。荀子赞曰："刑范正，金锡美，工冶巧，火齐得，剖刑而莫邪已。"史学家张正明评价说："虽则没有细巧的纹饰和镂空构件，但是操作严格，工艺精巧，而且形制不乏特色，如鼎足粗壮、鼎体雄伟等，犹存大国气派。"1933年出土于寿县李山孤堆的楚幽王墓，是在国内已发掘的楚墓中规模最大、年代与墓主人确切、出土文物最多的诸侯王墓葬，共出土文物4 000余件，其中青铜器1 000余件，重要的大件200件。墓中出土的文物大多流失于瑞典、中国台湾等地，小部分征集的文物珍藏于安徽省博物馆，最具代表性的楚大鼎为该馆镇馆之宝，通高113厘米，重约400千克，仅次于安阳殷墟出土的商代司母戊鼎，是我国现存自周代以来最大的铜鼎。此鼎形体高大，巍然壮观，造型奇特，纹饰精美，铸造技艺精湛，刻铭书体劲秀，堪称楚器中的精品，标志着当时的青铜铸造技艺已达到很高的科学水平，并取得了辉煌的成就，为后世研究楚国君主葬制提供了珍贵的实物资料。

楚大鼎

在楚文化文物遗存中，最具代表意义和影响力的，当数国家一级保护文物楚大鼎了。

鼎是一种古人用来蒸煮食物的器物，风行于商周时代。省博物馆陈列的楚大鼎，是在楚国中期铸造的，距今已有2 500多年历史，代表了当时我国最先进的青铜器铸造工艺。今天，当我们站在这座鼎的面前时，一种凝重的文化气息便会扑面而来，心中油然生出历史沧桑感来。据说，楚大鼎的沿口处，至今还有两三处古文字没人能够辨识。

楚大鼎从出土到现在，经历了半个多世纪的风风雨雨。20世纪初，一股盗墓风席卷全国。长沙、洛阳、西安、寿县等"地下博物馆"成为盗墓者鲸掠的"宝地"。1933年，长丰县朱家集李三古堆被盗，大量青铜器被文物贩子转手到天津、北京等地，在全国引起轰动。楚大鼎因体积较大、转运困难才幸免于难。当时的安徽省地方政府赶紧将李三古堆里幸存的青铜器转移到当时的省会安庆。不久，中日战争爆发，安庆成为沦陷区，这批珍贵的青铜器等文物被水运到重庆。上船时，楚大鼎被装进一个大木箱，民工们抬不动，就采取"滚雪团"的办法，将这些木箱从岸上滚到船上。楚大鼎总算保住了，但却伤痕累累。日本投降后，运到重庆的楚大鼎等一批青铜器被运到了南京。新中国成立后，这些劫后余生的文物被搬了回来，先放在芜湖，后运到了合肥。

楚大鼎的体积在目前全国所有出土的大鼎中是最大的。1958年，毛主席在参观这座鼎时感叹道：好大一口鼎，能煮一头牛呵！

资料引自"寿县人民政府网"

楚大鼎（张灿强/摄）

寿州楚文化博物馆

　　寿县博物馆位于寿春镇古城西大街中段的南侧，北与安徽省重点文物保护单位孔庙古建筑群隔街相望，环境优雅、古朴，交通便利畅达。寿县博物馆始建于1958年10月，是安徽省建馆最早的博物馆之一。2001年投资3 400余万元兴建寿县博物馆新馆，于2006

年5月正式对外开放，乔石同志为新馆题写馆名"寿春楚文化博物馆"。寿县博物馆是"安徽省爱国主义教育基地""安徽大学人文素质教育基地""安徽省廉政教育示范基地"。2008年列为国家首批对外免费开放博物馆，每年接待境内外观众达20余万人次。2009年批为国家二级博物馆和国家4A级旅游景区，成为寿县重要的文物收藏、展示基地和闻名遐迩的旅游景区。

寿县博物馆是以收藏本区域内出土的历史文物为主，侧重收藏楚文化体系文物，同时以兼藏近、现代传世文物和革命文物为辅的地方综合性博物馆。馆藏文物，上自新石器时代，下至近、现代的青铜器、陶瓷器、金银玉杂器、字画、善本古籍等各类藏品近万件。其中战国楚金币藏量居全国之首；一级文物藏量居安徽省第二位；"越王者旨于赐"剑、青铜三足羊首尊、青铜鹿首鼎、嵌宝石八龙金带扣、金棺、银椁等，都是寿县博物馆具有代表性的藏品。

馆址占地近2万平方米，主楼建筑面积6 558平方米，展陈面积2 600平方米，是一座集陈列开放、宣传教育、藏品保管、综合服务、安保监控和行政办公为一体的多功能综合性大楼。设有综合学术报告厅、观众休闲、购物服务部、大型生态停车场等完善的服务设施。推出的大型基本陈列《楚风寿春汉韵淮南》，分为《楚都遗珍》《汉魏流韵》《翰墨流芳》《古窑之光》《宗教艺术》《彩瓷缤纷》和《廉风德化》7个专题，共12个展厅，通过声、光、电、多媒体等现代科技展陈手段，向世人展示寿县悠久的历史、深厚的文化底蕴和丰富的文物资源，以实物使观众更加形象直观地了解历史文化名城——寿县。

资料引自"寿县人民政府网"

地域文化。寿春楚文化在意识形态方面对华夏文化的影响很大，尚东、尚赤、尚左、崇巫、念祖、爱国、忠君等观念根深蒂固，对当今人们的思想道德建设仍有深远的现实意义，寿春楚文化凝聚成的尚德务实、崇文重教、和谐包容、开拓创新等文化特征，已提炼成"团结奋进、弘古创新"的寿县精神。汉淮南王刘安欲求长生不老之术，率八公登临北山造炉炼丹，发明美味佳肴豆腐。据五代谢绰《宋拾遗录》载："豆腐之术，三代前后未闻。此物至汉淮南王亦始传其术于世。"明代李时珍在《本草纲目》中说："豆腐之法，始于汉淮南王刘安"，寿县理所当然成为中国豆腐的发祥地。寿地形胜，古为"江东之屏藩，中原之咽喉""有重险之固，得之者安"，故历代为兵家必争之地。东晋太元八年（前秦建元十九年，383年），东晋在淝水击败前秦苻坚80万大军，创造了以少胜多的著名战例，淝水之战已列入美国西点军校军事教材。寿州窑为唐代名窑之一，当时在全国位居第六，陆羽《茶经》中将寿州窑生产的碗列于洪窑产品之上，称"寿州窑瓷黄"，产品因淝淮交通之便遍及南北，在中国陶瓷史上占有重要地位。

寿县护城河（戚士章/摄）

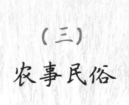

（三）
农事民俗

在农事习俗方面既与其他地方有共同之处，又有自己独特的一面。可谓特色显著，独树一帜。岁时主要内容有春节、元宵节、二月二、清明节、寒食节、端阳节、中元节、中秋节、重阳节、腊八节、祭灶节、除夕。农事习俗中有试牛、身包饭、扫尘、剃龙头、洗年脚、除夕喂牛饭之俗。如扫尘之俗，是一种讲究卫生的表现，民谚有"要想发，扫十八；要想有，扫十九"之说，除夕前，民间男性无论老幼都要剃年头，民谚有"有钱没钱，剃个光头过年"之说，有辞旧迎新的意思。

（1）中秋耍火把、摸秋。中秋节晚餐后，寿县老人们喜品茶赏月，青少年则要尽情玩耍到下半夜。这一天晚上，村村户户玩火把。人们用麻秸、黄蒿、稻草等扎制成丈余长的火把，点燃了高举着，欢天喜地奔向村边、大路、田野，或耍火龙，或舞火狮，奔腾跳跃，远近呼应。"摸秋"也是寿县乡间中秋之夜的传统活动之一。入夜，人们可以随意溜到菜园子、庄稼地里，摸摘瓜果、大椒、黄豆、玉米、棉花、萝卜，不论是张三家还是李四家的。俗谓"摸到冬瓜生男孩，摸到丝瓜生女孩，摸到大椒不害眼"。尔后，还要拔了黄豆棵子在路边烧毛豆吃。因而，中秋节后，乡间的路旁、田边常可见到一摊摊灰烬。中秋之夜，城镇上大户人家还有"步月"的雅兴。月上三竿后，锣鼓班子纷纷出动，踏着月华走街串巷，咚咚呛呛，边走边敲，乐此不疲，直到夜深尽兴方归。

（2）佩戴香荷包。寿县百姓有端午节戴香荷包的习俗。清代《凤台县志》记载："香草唯报恩寺后产之，十月布子，四月刈获，远方多来购其香草，处境乃香，故谓之离乡草。"香荷包就是用寿州特产的香草、中药称之为江离的已晒干的茎叶，剪成碎末，再加上碎艾草，喷以白酒，装入缝好的各种颜色、各种形状的小布袋里，穿上线绳，佩挂身上，既可闻香，又可杀菌除臭。

选购香荷包（寿县人民政府网/提供）

（3）当头酒　喝月色。旧时，每年的农历十一月十五，寿县城乡有"喝当头酒""喝月色"的习俗。人们依据对月行规律的认识，认为一年中只有11月15日半夜时的月亮正对此地，直射于人身上而地面却没有影子，故名之曰"当头"。每逢这一天，上年纪的人们在天黑后都置酒院中，浅斟低酌，边饮边等。有些爱热闹的人觉得独坐候月未免乏味，便三五相邀："走，喝月色去。"来到街头酒馆里坐下，大家掏钱凑份子买酒叫菜，谓之"抬石头"。一边吃酒，谈古论今，一边等待月上中天。故这一天城关及农村集镇上酒馆的生意都特别好，几乎座无虚席。庭院中早已竖立了一根竹竿。时至夜半，满月一轮，当头无影，人们沐浴在月华中，禁不住发思古之幽情，吟诗作对，谈古论今。又兴致大发，重新回到酒桌旁，行令猜拳，往往一醉方休。

（4）除夕插秸秆。寿县在大年三十的晚上，家家都要在门头上的屋檐下，插上几根用红纸裹着的芝麻秸或是高粱秆。

"有钱没钱，剃个光头过年"（戚士章/摄）

（5）四顶山庙会。四顶山是八公山的主峰，山上有奶奶庙。传统的一年一度农历三月十五庙会就发生在这里。相传四顶山上的奶奶庙，供奉神妃碧霞元君（即四顶奶奶）。她是传说中的泰山神东岳大帝的女儿。有一次，碧霞元君与九华老爷云游天下，都看上寿州四顶山这块风水宝地。九华老爷先至，插剑为记；碧霞元君后到，心生一计，脱下一只红

绣鞋埋于剑下。二神相争宝山时，九华老爷争不过碧霞元君，只得撒手
作罢。碧霞元君便于四顶山建造寺院，修身养性。从此护佑寿州这方水
土，风调雨顺、州泰民安。

碧霞祠（寿县文广新局/提供）

寿州人为崇祀四顶奶奶，便将每年的"三月十五"定为古庙会。这天，许多人都要登四顶山，他们有的为祈福、有的为许愿、也有为朋友相聚。周边市县淮南、凤台、颍上、亳州，甚至河南固始、商城等地的香客都云集庙会朝拜四顶山。庙会正期是"十五"，实际上"十四"这天，香客、游客们已陆续上山，尤其深夜零点左右，庙会进入高潮。这时山上山下，城内城外，灯火通明，人们摩肩接踵，如海如潮。为了给上山香客、游客提供方便，在绵延数公里的登山道路两旁，摆满饮食、水果、手工艺等商品摊点，摊摊相接，点点相连。还有许多娱乐圈、游乐场等。

四顶山庙会与集市类庙会的区别在于它是典型的民间信仰活动庙会，是皖中地区碧霞元君信仰的核心空间，表达了以平民百姓为主体的社会各阶层广大人群祈福禳灾祈求平安吉祥的心愿，是皖中地区著名的庙会，承载着大量的民俗事象。2008年入选第二批省级非物质文化遗产名录。

上山敬香的香客（寿县文广新局/提供）

（四）
舌尖上的寿县

　　寿县丰富多样的农产品也造就了具有特色的饮食文化。"走千走万，不如淮河两岸"。寿县由于地处江淮之间，物产富饶，盛产稻米、小麦。畜禽、水产品和蔬菜均为天然绿色、无公害食品，为寿县饮食在全省乃至全国占有一席之地奠定了坚实的基础。寿县饮食属于徽派菜系，色重、味浓、口感偏咸，注重菜肴的色泽和搭配，讲究刀功和火候。农历九月、十月有腌制咸鸡腊鹅等肉食品的习俗，腌制食品可蒸可煮；淮王鱼、瓦埠湖银鱼等当地特产，风味独特，成为海内外消费者的必选佳肴。

　　寿县民风淳朴，素为礼仪之乡，在饮食上很有讲究，以双数居多，喜庆时上圆子，谓之团团圆圆。民间有许多关于吉祥菜的说法：油酥好的鱼嘴中塞进洗净的大葱，谓之充足有余、年年有余；冻豆腐泡，谓之斗福。在婚宴结束时，东家会为客人奉上一种用面粉、白糖、猪油等原料做成的糕点，谓之"大救驾"。

1. 豆腐制品

　　值得一提的是，豆腐文化已成为寿县美食文化的重要组成部分，越来越受到海内外广大消费者的欢迎和青睐。对豆腐文化的弘扬与传播，对豆腐菜品的研发与创作，已演变成为中国豆腐文化节和相关的节庆活动，赢得五湖四海的宾客来参观品鉴。

　　八公山豆腐晶莹剔透，白似玉板，嫩若凝脂，质地细腻，无黄浆水味，托也不散碎，故而名贯古今。一顿豆腐宴，让游客真正领略到八公山豆腐久负盛名的风采。在八公山下，甭说一般家庭主妇，就是十四五岁的娃娃也能做出几样风味各异的豆腐菜，比如香椿拌豆腐、豆腐鸡蛋、辣酱拌豆腐、炒豆腐等。

豆腐宴（寿县文广新局/提供）

豆腐饺子（寿县文广新局/提供）

自20世纪改革开放以后，八公山街头的豆腐馆比比皆是，远近闻名。他们或煨、或煮、或煎、或炸、或溜，或拢丝、或雕刻，或"荤"、或素，或冷盘、或火锅，"螃蟹抱蛋""金玉其外""仙人指路""虎皮扣肉"，豆腐汤浓得像牛奶，豆腐块漂浮汤上，似块块琼脂，汤呈乳白色，鲜如鱼汁……不仅引得本地人常来过把嘴瘾、享把口福，合肥、南京、上海等地的游客也隔三岔五地光顾"豆腐宴"，就连德国、英国、日本、荷兰、捷克、斯洛伐克以及中国香港、中国台湾等国家和地区的宾客也常常云集八公山下，品尝"寿桃豆腐""琵琶豆腐""葡萄豆腐""金钱豆腐"等400余款造型逼真、色彩纷呈、鲜美异常、风味独具的豆腐菜。为了满足日益增多的游客的就餐需求，近几年通过招商引资形式，八公山风景区先后建成多家饭店，它们大多能烹制精美爽口的豆腐菜肴。

豆腐制品（张灿强/摄）

八公山豆腐制品获2010年上海世博会金奖（寿县文广新局/提供）

乾隆三吃香椿拌豆腐

　　清朝乾隆年间的一年春荒，皇帝南下江南路经寿春，着便服私游寿春城南。遇大雨，被困于一家小酒馆。这时，酒馆无客人，乾隆又冷又饿，要求主人弄些热汤热饭吃。

　　这家酒馆主人姓陈，因春荒，没什么可口饭菜，将店中自酿米酒拿出献给客人。乾隆要求加些下酒菜，陈氏只得将剩下的两块豆腐拿出，正好门前香椿冒出些嫩芽，就随手采些香椿头拌进豆腐中。

　　香椿拌豆腐，初闻，无香味，但吃到嘴里不一般。乾隆吃下，只感到爽口滑腻、满嘴余香，比宫中的御膳好吃多了。于是兴起，要求陈氏再加两大盘来。陈氏只好如实相告，乾隆听后，郁郁而归。

　　乾隆对香椿拌豆腐念念不忘，回到宫中，要求御膳房做出香椿拌豆腐来。御膳房不敢违背圣旨，便精心做出了香椿拌豆腐。乾隆见端上来的香椿拌豆腐，形美色鲜，喷鼻香。他兴致勃勃，心想又能吃上香椿拌豆腐了。可一入嘴，香则香，但是少了陈氏香椿拌豆腐的那个味。乾隆大发脾气，要求重做。御膳房遵旨重新做出，但那还是没有做出乾隆心中的那味儿。

乾隆又下江南，他心中还是念想着寿春陈氏的香椿拌豆腐，特地取道来到寿春城南。这次来，他是以生意人的面目出现的。他走进陈氏家时，却见陈氏病恹恹的，便诧异地询问，怎么不开酒馆了？陈氏说，连年灾荒，饭都吃不饱，哪还开得起酒馆！乾隆立即解囊，馈赠白银百两，要他重新开张，并只求吃上一口香椿拌豆腐。陈氏不知是皇上，只知这商人如此慷慨，不敢怠慢，立即准备酒饭，特地将香椿拌豆腐弄了两大盘，以供乾隆下酒。乾隆对其他美味不放心上，只吃那两大盘香椿拌豆腐，愈吃愈爱吃，不一会儿，吃了个盘光菜尽。乾隆只觉香溢满口，余味无穷。于是询问陈氏香椿拌豆腐之配料，陈氏对恩人不敢隐瞒，一一相告。

得了秘方的乾隆，满以为在北京金銮殿里也能吃到寿春陈氏的香椿拌豆腐了。可是没想到御膳房还是做不出陈氏香椿拌豆腐的味儿。乾隆素有疑心，他怀疑陈氏没对他说实话。为吃寿春陈氏的香椿拌豆腐，乾隆三下江南，折道寿春，来到陈氏家。这时的陈氏，还是不知这人是乾隆皇上。乾隆对陈氏说，我诚心待你，你怎么对我不说实话呢？陈氏被乾隆说得如堕雾中，不知所以然，便响亮地回应，我们寿春人，对人忠实，讲诚信，从不打诳语，不知先生说我不讲实话，指的是什么？乾隆说，我回北方，按你说的香椿拌豆腐的配方做出来，为什么就没有你做得好吃呢？陈氏舒了一口气，原来讲的是这个呀！便对乾隆说，不是我没对你说实话，是你北方的香椿、北方的豆腐，与我们江淮平原的不一样。香椿，必须是生长在寿春土地上的香椿；豆腐，必须是用寿春城北八公山"珍珠泉"水磨制的豆腐。如若不信，一试便知。当乾隆三吃陈氏的香椿拌豆腐时，他果然又找到了心中的那个味道！

"一骑红尘妃子笑，无人知是荔枝来。"后来，乾隆亦用唐明皇为杨贵妃驮运荔枝的办法，用驿马到寿春驮运寿春香椿和八公山豆腐。正是"驿马飞来乾隆笑，香椿豆腐寿春来。"

资料源自《非物质文化遗产田野调查（寿县卷）》

2. 大救驾

"来到八公山下，不可不吃'大救驾'"。这是本地民间的一句口头禅。意思是说，寿州八公山下的大救驾味道很美，不品尝品尝就会有遗珠之憾。"大救驾"的名字传说来自宋朝开国皇帝赵匡胤。

大救驾（戚士章/摄）

赵匡胤与"大救驾"

"大救驾"是寿县的美味名点。这个名字是怎么来的呢？

相传在公元956年，周世宗征讨淮南，大将赵匡胤攻了9个多月才攻破城池，取得成功。由于疲劳过度，赵匡胤进城后就病倒了，胃口不佳，茶饭不进。这时，有个巧手厨师为了让他进食，便用白面、白糖、猪油、橘饼、核桃仁等材料，精心制做了一种带馅的圆形点心。这种点心的外皮有数道花酥层层叠起，金丝条条分明，中间如急流旋涡状，因用油煎炸，色泽金黄。

当厨师端上点心时，香味扑鼻，外形诱人。赵匡胤一见，心中高兴，食欲大增。他随手拿起一个咬了一口，觉得酥脆甜香，十分好吃，久塞的肠胃为之豁然畅舒。再一看内中之馅，色白细腻，红丝缕缕，青丝条条，如白云伴彩虹，色美味佳。赵匡胤越吃越有味，一连吃了几顿，病体大愈。他十分高兴，重赏了厨师。

后来，赵匡胤做了宋朝开国皇帝，想到南唐一战和这种糕点，说："那次鞍马之劳，战后之疾，多亏这种糕点从中救驾。"于是便将这种糕点颁为贡品，赐名"大救驾"，着地方上贡时献纳。

自此以后，"大救驾"的名称和制法便流传下来。至今，"大救驾"仍驰名淮河南北。外地来客慕名品尝，当地人们也常以此馈赠亲友。

大救驾（寿县文物局/提供）

此后，糕点师傅依据当年军旅厨师的制作方法，用面粉、白糖、猪油，再加以桂花、青红丝等几十种辅料，制作出了真正的大救驾。这种扁圆状的糕点，是用油酥出来的，形成了内外几十层酥脆的薄皮，内馅中还有冰糖、菊脯核桃仁等衬料，吃起来，脆而不硬，油而不腻，清香爽口。圆圆金黄且层层焦酥香甜的大救驾就成了招待来宾、馈赠亲友的佳品。

大救驾不但有其优良的品质和独特的风味，而且还具有保质期长、便于携带、使用方便的优点，它既可以摆上高档餐桌，又可以作为日常使用的早点或夜宵，还可以作为旅行途中的便餐。2016年大救驾被评为"安徽金牌旅游小吃"。

大救驾制作工艺

寿县大救驾制作工序经过历代老技师不断改进，形成了以下主要的工艺流程：

①配馅。将青丝、红丝、冰糖、橘饼、桂花等按比例，用香油拌成馅料。

②和面。面分皮面、酥面两种。皮面是用油、水、面粉按比例和面。酥面是用油、面粉按比例和成。面要和"熟"，有劲道，软硬适度。

③配剂。将和好的皮面、酥面配成各自等大的面团。

④擀摊。用皮面包裹酥面，擀成长方形再卷成圆桶形，再擀扁，卷成圆柱形。把它切成等大的两部分，擀摊成所需要厚度。

⑤包馅。将青丝、红丝、冰糖、橘饼、桂花、香油等佐料制成的馅包起来。

⑥按捺。按捺成扁圆形。

⑦油炸。先入温油锅炸，然后再入热油锅炸。

⑧冷却。出锅冷却。

⑨包装。将成品包装。

和酥面（寿县文广新局/提供）

包酥（寿县文广新局/提供）

擀摊（寿县文广新局/提供）

包馅（寿县文广新局/提供）

成型待炸（寿县文广新局/提供）

油炸（寿县文广新局/提供）

（五）
文学艺术

1. 民间文学

就民间文艺而言，寿县具有浓厚的历史文化底蕴，地域文化氛围浓厚，人民富于艺术智慧，创造了多姿多彩的民间文学艺术。民间文学在寿县分布面广、受众面广、题材丰富，是普查的重点，共有98项，占全部项目的83.05%，主要有神话、传说、故事、歌谣、谚语等，其中传说、故事居多。民间传说、故事是劳动人民创作的一种与历史人物、历史事件及地方风物古迹等密切联系的口头故事。寿县民间传说、故事内容丰富，题材广泛，涉及当地历史人物、古迹物产和风俗习惯，涵盖了民间传说、生活故事、童话寓言、民间笑话等多种类型。

家喻户晓的有："'鸡犬升天'八公山""珍珠姑娘与珍珠泉""泰山奶奶巧占四顶山"；津津乐道的有："张飞打个盹刘备修个城""赵匡胤困南唐""刘之治的故事"；广为流传的有："孙叔敖的故事""时苗留犊""唐伯虎寿州赠画"等。谚语也有特色。"人到弯腰树，不得不低头""瓦屋檐上水，滴滴落旧窝""一人难满十人意，十人难称一人心""好人怕三戳，坏人怕三说""有事要胆大，无事要小心"。歇后语：刷锅把子戴帽子——不像人样，黄鼠狼子泥墙——小手，老公鸡害嗓子——不能提（啼），连面胡子吹喇叭——毛鼓（估）之。寿县民间故事具有认识价值、教育价值、道德教育价值、化民成俗价值、娱乐价值、审美价值和实用价值。

"一人得道，鸡犬升天""风声鹤唳、草木皆兵""投鞭断流""围棋赌墅""赵匡胤困南塘"等成语典故均出自这里，脍炙人口，国人皆知。

寿县民间有一些传说，有些是关于安丰塘，有些发生在安丰塘周边地区。如"安丰塘的传说""石马身陷石马河""安丰塘畔一棵草""外财不发命穷人""寿州命案""饮马井显灵"等。

时苗留犊

时苗，字德胄，东汉钜鹿（今河北省平乡县西南）人。建安中期，曾入丞相府为官。后来，出任寿春令。

时苗在到寿春上任时，是驾着一辆黄牛车来的。他要到其他地方上任时，在寿春出生的一头小牛犊，被他留了下来。时苗虽然离开了寿春，但他为官清廉的高尚品质却永远地保留了下来，教育和影响着后世的人们。

为了纪念时公为官清廉，这里的人们把当时牛犊饮水的池子起名"留犊池"。明代成化年间，知州赵宗建祠以祀，祠曰"时公祠"，时人又称"留犊祠"，把祠所在的巷道称作"留犊祠巷"。又在牛犊栖身的地方建起"留犊坊"。

外财不发命穷人

寿县有名俗语叫"外财不发命穷人"，这话来源于发生在寿县安丰塘畔刘家古堆的一个故事。

那是很早以前的事了，安丰塘东边的刘家古堆旁住着一户人家。一天晚上，这家大嫂急着要借箩筛用，开门出去不多远，一片灯火，她便朝那边走去。只见一位白发苍苍的老奶奶正在推磨，磨旁放着一把箩筛。她走了过去，似曾相识，打过招呼，就帮老奶奶推起磨来。无意中，她抓起磨盘上的面粉，觉得硬硬的且都是整粒的，举到眼前一看，她大吃一惊。竟然全是金粒子。她顿生了一丝贪念，便轻轻地放下，用两个手指捏了几十粒放进衣袋里，拿着箩筛就走。这时，门"吱呀"一声开了，她一脚门里，一脚门外，门又"吱呀"一声关了，正巧碰破了她的脚后跟。

大嫂回到家里，天亮开门一看，才算明白过来，昨晚的一片灯火处不正是大古堆吗？哪里会有人家呢？她开始怀疑起来，连忙看看衣袋里的金粒儿。金粒儿又确是真的，还在闪闪发亮。当她想起脚后跟时，才觉得还在疼痛。转身看看，还在流血呢！

脚后跟很疼，不能走路。她的男人只好用独轮车推她去找医生，一次花一颗金粒儿，一天两次，一个月过去，她的金粒儿用完了，脚后跟的伤也痊愈了。晚上洗脚时，这位大嫂想起这段经历，似乎从中悟出了一点道理："外财不发命穷人"。这经历经她讲给别人听后，这句话便传开了，一直流传至今。

源自《非物质文化遗产田野调查汇编（寿县卷）》

风声鹤唳　草木皆兵

东晋太元八年（383年），前秦苻坚大举南侵，攻打东晋。晋武帝采纳谢安、桓冲等人的主张，下令坚决抵抗。他派将军谢石、谢玄等率兵八万沿淮河西进，以拒秦军；又派将军胡彬率领水军五千增援战略要地寿阳。

同年10月18日，秦军前锋攻占寿阳。胡彬所部水军走到半路，得知寿阳失守，退守硖石。秦军为了阻挡晋军主力西进，又派兵五万进至洛涧。胡彬因困守硖石，粮食用尽，处境十分艰难，写信要求谢石增援。不料胡彬的信被秦军截获。苻坚认为晋军兵力很少，粮食十分困难，应该抓紧进攻，遂把主力留在项城，带了八千骑兵赶到寿阳。苻坚先派尚书朱序到晋军劝降。朱序原来是东晋防守襄阳的将领，襄阳失守时被俘。朱序到晋军以后，不仅没有劝降，反而透露了秦军情况，并且建议说，如果秦兵百万全部到达，晋军难以抵抗，现在应趁它还没有到齐，迅速出击，打破它的前锋，大军就会溃散。晋军将领谢石、谢玄听从了朱序的建议，于11月派猛将刘牢之率领精兵五千进攻洛涧。刘牢之分兵一部分到秦军侧后，断敌退路，亲自率兵强渡洛涧，夜袭秦军大营。秦军抵挡不住，主将梁成战死，五万秦兵大溃，抢渡淮水，淹死一万五千余人。洛涧的胜利，鼓舞了晋军的士气。晋军水陆并进，展开全线反攻。苻坚在寿阳城上，看到晋军严整，攻势猛烈，十分恐惧，把淝水东面八公山上的草木都当成了晋兵。

洛涧失利后，秦军沿着淝水西岸布阵，阻止晋军反攻。晋军将领谢玄派人用激将法对苻坚的弟弟苻融说：如果你把军队稍向后撤，让出一块地方，使晋军渡过淝水，两军一决胜负！秦军诸将都认为不能让晋军渡河，但苻坚却说：可以稍退一步，等到晋军兵马半渡之际，再用骑兵攻击，一定可以取胜。于是符融指挥秦军后撤。秦军本来内部不稳，这一撤，造成阵势大乱，不可遏止。晋军乘势抢渡淝水，展开猛烈攻击。朱序在阵后大喊：秦军败了！秦军败了！秦军后方部队一听，争相逃命。符融见势不妙，急忙驰马赶到后面整顿部队，结果被晋军追兵杀死。晋军乘势猛追。秦军人马相踏，昼夜溃退，听到风声鹤唳，也以为是东晋追兵。就这样，几十万秦军，逃散和被歼灭十分之七八，符坚本人也中箭负伤，逃回洛阳。

由此，留下"风声鹤唳，草木皆兵"的成语。

一人得道 鸡犬升天

据《水经注》《太平寰宇记》等古籍记载：西汉淮南王刘安，都寿春，笃神仙秘法鸿宝之道，招致宾客方术之士数千人，欲求长生不老之术。一日有八位老者求见刘安，门吏见是八个须眉皓素的老人，不愿通报，八公顷刻变成八个童子。门吏大惊，即告刘安。刘安顾不得穿鞋，赤脚出迎，执弟子礼。八公留下后，日与刘安登山修道炼丹。不久丹药炼成，刘安服之，与八公"白日升天"。余药在器，鸡犬舔啄之，尽得升天，出现了"鸡鸣天上，犬吠云中"的奇观。由此产生了"一人得道，鸡犬升天""鸡犬皆仙""淮南鸡犬"等成语典故，寿春城北之山也因之而得名八公山。

编笆接枣 锯树留邻

隐贤古镇有一条涂家巷，传说从前巷里住过陈、王两户人家，院落仅一墙之隔。陈家的墙头左侧植枣树一株，三年后枣树结满红枣，树枝越过墙头，伸向王家院内，熟透的红枣不时掉落。王家想邻家枣树结的枣子，自家不该享用。于是就编了竹笆，斜架在枣树枝下，使掉落的红枣滚回陈家院里。陈家发现后，悄悄把竹笆垫高，不让枣子滚过来。年年结枣，年年编笆，王家想，还是迁到别处住吧，免得天长日久，影响邻居关系。陈家得知这一消息，深感不安，毅然把枣树锯掉。王家见到倒在地上的枣树，深表惋惜，问道："为何把这正在结枣的枣树锯掉？"陈家说："枣子虽好，也没有邻居好啊！""编笆接枣，锯树留邻"的故事至今仍被人们传为佳话。

源自《非物质文化遗产田野调查汇编（寿县卷）》

安丰塘的传说

传说在很久很久以前，安丰塘原是一座美丽的城郭，但由于一条行云布雨的孽龙作祟，致使当地久旱不雨，民不聊生，怨声载道。这股怨气冲上云霄被玉皇大帝觉察后，玉皇为平息民愤，便将孽龙罚下凡间思过。孽龙摔落尘埃后，躺在郊外不能动弹。城内的百姓们见了，一哄而上，把这条孽龙一块块肢解瓜分后，拎回家里给煮吃了。

这还了得！孽龙不管犯了什么错，它总该还是天上的神物呀！当千里眼、顺风耳发现城外孽龙只剩一架龙骨后，立即把这一情况报告了玉帝。玉帝大怒，派太白金星扮成乞丐到安丰城内探访。这个乞丐在城内挨门乞讨闻嗅龙肉。在众多的百姓中，只有一户姓李的人家的碗里没有腥味，乞丐问其缘故，这户一个叫李直的老人说："龙是天上的神，俺们凡人怎能吃得？"听了李直的话，太白金星心中有数了。他对李直说："当你看到城内大殿门前石狮子眼睛红了的时候，就得赶紧搬到城外去住，否则……"话刚说完，乞丐就不见了。李直意识到乞丐不是凡人，于是便依言而行，每天去看石狮子的眼睛，等到七七四十九天，石狮子的眼睛果真红了，李直一家便连夜搬家。由于走得匆忙，一只正在孵蛋的老母鸡也忘记带走；走出城北门，慌乱中又把铁锅掉在地上摔烂了。天刚亮，忽然一阵电闪雷鸣，紧接着暴雨倾盆，安丰城眨眼间陷落于一片滔滔洪水之中，待到雨过天晴，人们发现，安丰城已变成了安丰塘。在塘中，只有李直家那只忘记带走的老母鸡蹲着的地方没有陷沉，这就是今天塘内的"老母鸡滩"；而李直家铁锅摔碎的地方，便被后人称为"锅打店"，久而传讹，便又被叫成了"戈家店"。直到今天，老人们说，逢上雾气弥漫的天气，安丰塘水面上还会若隐若现出安丰城池呢——这便是歇后语"安丰塘起雾——现成（城）的"来由了。

源自《非物质文化遗产田野调查汇编（寿县卷）》

2. 民间音乐

有寿州锣鼓、淮词、老婆歌、宝卷、花鼓和光棍溜子六项，主要分布在瓦东地区和瓦西地区的寿春镇和正阳关镇。其中，尤以寿州锣鼓影响深远，它是有着浓郁楚风汉韵，流传于寿县以及周边县市，为广大人民群众所喜爱的民间传统表演艺术。

寿州锣鼓（寿县文广新局/提供）

（1）寿州锣鼓

流传于寿县以及沿淮流域周边县市。寿州锣鼓综合了沿淮流域传统的"十八番""凤凰三点头""兔子扒窝""长流水""大小绞丝""双绞丝""花鼓歌""小五番"等锣鼓谱的精华。所用的打击乐器，除去大筛锣、大腰鼓、大钹、小钹、小锣、云锣外，与众不同是主锣"钢锣"声音洪亮、清脆，传播距离远长，具有浓郁悠长的楚文化韵味，在沿淮地区独一无二。

寿州锣鼓2002年参加中央电视台"心连心"艺术团赴皖西革命老区霍山慰问演出；2008年和2009年参加了滁州首届及第二届中国农民歌会开幕式；2009年参加了洪桐"远中杯"全国鼓王邀请赛，一举夺得"最佳鼓王奖"。2006年入选安徽省首批非物质文化遗产名录。

（2）淮词

正阳关镇位于淮、淠、颍三水汇流处，素有"七十二水通正阳"之称。淮词就发源在这里。

寿州锣鼓（赵阳/摄）

淮词深受寿县人民的喜爱，流行本县城乡各地，特别是瓦埠湖以西沿淮地区最为盛行。清朝末年，这一演唱形式发展到鼎盛时期。

淮词，有着自己独特的艺术风格和特点。从语言上看，它使用方言、虚词较多，语言结构灵活，句式长短相间。淮词伴奏乐器独特，在二胡和四胡伴奏的基础上用碟子和酒盅伴奏，这是在其它曲种中少有的伴奏乐器。淮词的唱腔，为板腔体。音包字是淮词唱腔区别于其他曲种唱腔的最大特点。

2010年入选第三批省级非物质文化遗产名录。

淮词（寿县文物局/提供）

（3）寿州大鼓书

寿州大鼓书是一种一人演唱，说唱并重的演唱形式。演唱时右手握鼓条击鼓，左手打牙板（云板），在念白时丢下鼓条和牙板，不时用惊堂木，以渲染气氛。艺人在表演过程中手、眼、身、法、步并用，以刻画人物性格、特征，反映喜怒哀乐的情绪和悲欢离合的生动场面。寿州大鼓书的伴奏乐器简单，只有一面鼓，一副牙板，一块惊堂木，一根鼓条。

寿州大鼓书演唱时用假声演唱（俗称大小口）声音沙哑，韵味特别。寿州大鼓书深受地方民间艺术的薰陶，唱词、韵白和唱腔带有浓郁的乡土气息，唱词侉气浓重，唱腔抑扬交错，运调缓和急相间。2010年入选第三批省级非物质文化遗产名录。

寿州大鼓书（寿县文物局/提供）

3. 民间舞蹈

正阳关抬阁、肘阁。正阳关位于淮河、颍河、淠河三水交汇处，素有"七十二水通正阳"之称，是一座闻名遐迩的"淮上重镇"。现为中国民间艺术之乡。悠久的历史、繁荣的商贸孕育出众多的民间艺术形式，其中被誉为"沿淮民间艺术三绝"的"抬阁""肘阁"和"穿心阁"最为著名。其间经过正阳关民间艺人代复一代的加工整理，成为汉民族社火中的一种舞蹈形式流传了下来。

正阳关抬阁、肘阁是集舞蹈、音乐、戏剧、绘画为一体的综合艺术形式。相

正阳关"抬阁""肘阁"（闵庆文/摄）

传源于明代，至今有500年历史。节目多取材于戏剧故事、传说，如《观音赐福》《打渔杀家》《断桥会》《西游记》等。正阳关抬阁、肘阁素有"空中舞蹈""无言的戏剧"的美称。

正阳关抬阁、肘阁2004年随中央电视台旅游频道"六安之旅"走向世界。2008年参加第七届中国民间艺术节暨"山花奖"中国民间飘色艺术展演，荣获"山花奖"金奖。2007年正阳关抬阁、肘阁入选第二批国家级非物质文化遗产名录。

正阳肘阁（寿县文物局/提供）

4. 诗文中的芍陂

芍陂也是诸多文人墨客引用的对象。如宋代王安石的《安丰张令修芍陂》，苏轼的《答子勉三首》；王之道的《安丰道中》《送秦德久守安丰》《夏月自六安舟行还安丰》等。

正阳关"抬阁""肘阁"（寿县文物局/提供）

送张公仪宰安丰

【宋】【王安石】

楚客来时雁为伴，归期只待春冰泮。

雁飞南北三两回，回首湖山空梦乱。

秘书一官聊自慰，安丰百里谁复叹。

扬鞭去去及芳时，寿酒千觞花烂熳。

答子勉三首

【宋】【苏轼】

惊人得佳句，或以傲王公。

处士还清节，滑稽安足雄。

深沉似康乐，简远到安丰。

一点无俗气，相期林下风。

安丰道中

【宋】【王之道】

水满陂塘草满川，望中茅屋起孤烟。

十年不踏安丰路，遂与清淮作次边。

送秦德久守安丰

【宋】【王之道】

历水分携十六年，相逢须鬓尽苍然。

喜君宦况新来好，许我交情老更坚。

小雨送行春溜急，长杨留别午阴圆。

画船插帜澄江远，回首风帆指绣川。

送刁安丰

【宋】【梅尧臣】

尝游芍陂上，颇见楚人为。

水有凫鱼美，土多姜芋宜。

宁无董生孝，将奉叔敖祠。

旧令乃吾友，寄声於此时。

送杨起之安岜录判

【宋】【陆文圭】

芍陂茫茫古边城，伏犬相闻今乐土。
产交兵往中流水，避乱居民尚遗堵。
似闻此地岁岂穰，要得清官手摩拊。
君才天马足神骏，老大去年参选部。
间中实历神风宝，液右先声动官府。
争看祖道车骑众，力疾登途霜月苦。
墙东故人懒出门，浊酒黄花对谁舞。

和介甫寄安丰张公仪之什

【宋】【金君卿】

前贤立事岂徒然，惠政须教振古传。
芍水灌余三万顷，楚人祠已二千年。
近闻令尹开新腼，不避风波上小船。
堤筑已完舆颂洽，去时民吏重留连。

同方蟠三安丰城晚眺

【清】【夏俱庆】

结伴寻幽境，来过废县中。
深林隐古寺，落日映丹枫。
城郭埋荒草，楼台叹转蓬。
芍陂犹未改，流水自西东。

附：

寿县非物质文化遗产普查清单

2005年，在全县25个乡镇范围内开始非物质文化遗产普查工作，普查登记的项目涉及6类共118项，涉及民间文学（口头文学）98项、民间手工技艺8项、民间美术1项、民间音乐6项、民间舞蹈1项、民间信仰4项。

（一）民间文学（口头文学）（共98项）

序号	项目名称	分类名称	代码	调查地区
1	"鸡犬升天"八公山	传说	022	寿春镇
2	珍珠姑娘与珍珠泉	传说	022	寿春镇
3	安丰塘的传说	传说	022	安丰塘镇
4	黑龙潭里宝贝多	传说	022	八公山乡
5	白龙潭的传说	传说	022	八公山乡
6	毛球万斗法青云山	传说	022	八公山乡
7	泰山奶奶巧占四顶山	传说	022	八公山乡
8	城墙的故事	传说	022	寿春镇
9	王小砍柴凤凰山	传说	022	八公山乡
10	报恩寺的来历	传说	022	寿春镇
11	白石塔的传说	传说	022	寿春镇
12	鲁班加"盐"奎光阁	传说	022	寿春镇
13	贤良街里出贤妇	传说	022	正阳关镇
14	董家码头的一场厮杀	传说	022	正阳关镇
15	东西大夫井	传说	022	茶庵镇
16	瓦埠镇为何不遭雷击	传说	022	瓦埠镇
17	上奠寺又称上天寺	传说	022	瓦埠镇
18	炮打红门寺	传说	022	众兴镇鲁圩村
19	四寺与峡山口的由来	传说	022	寿县瓦西片
20	火烧榆林庙	传说	022	船涨埠
21	"贤王"敕封"君子镇"	传说	022	瓦埠镇
22	莲花塘传奇	传说	022	双庙集
23	孝感泉	传说	022	隐贤镇
24	饮马井显灵	传说	022	板桥镇
25	石马身陷石马河	传说	022	涧沟镇

续表

序号	项目名称	分类名称	代码	调查地区
26	唤鸡楼	传说	022	保义镇
27	陈楼村有个"定远县"	传说	022	刘岗镇陈楼村
28	三觉市与三觉寺	传说	022	三觉镇
29	石头将军	传说	022	三觉镇董埠
30	真龙宝地吴家楼	传说	022	炎刘镇吴家楼
31	邓家渡口	传说	022	窑口乡粮台村
32	火烧叭蜡庙	传说	022	张李乡马郢村
33	滚坝潭的遗憾	传说	022	众兴镇
34	隐贤镇镇名的变迁	传说	022	隐贤镇
35	驴尿不撒子贱坟	传说	022	瓦埠镇
36	刘备城	传说	022	正阳关
37	青莲寺的传说	传说	022	堰口镇
38	包公命名"九井"寺	传说	022	寿春镇
39	将就馆的对联	传说	022	寿春镇
40	孙叔敖的故事	传说	022	寿春镇
41	时苗留犊	故事	023	寿春镇
42	胡敬德神鞭破古塘	传说	022	广岩镇
43	刘仁赡辕门斩子	传说	022	寿春镇
44	赵匡胤困南唐	传说	022	寿春镇
45	吕夷简与范仲淹的恩恩怨怨	故事	023	寿春镇
46	吕蒙正"赶斋"	故事	023	寿春镇
47	唐伯虎寿州赠画	故事	023	寿春镇
48	小汤萧巧对侍御史	故事	023	正阳关镇
49	赵"神仙"	故事	023	隐贤镇
50	刘之治的故事	故事	023	寿春镇
51	杨文藻比武	故事	023	正阳关镇

序号	项目名称	分类名称	代码	调查地区
52	孙家鼐的传说	传说	023	寿春镇
53	方小泉改春联	故事	023	寿春镇
54	孙筱斋轶事	故事	023	寿春镇
55	王松斋痛讽伪专员	故事	022	寿春镇
56	余福九轶事	故事	023	寿春镇
57	胡禅贴春联	故事	023	寿春镇
58	赵匡胤与"大救驾"	传说	023	寿春镇
59	乾隆三吃香椿拌豆腐	故事	023	寿春镇
60	寿州香草	传说	022	寿春镇
61	安丰塘畔一棵草	传说	022	板桥镇
62	回王鱼的故事	传说	022	寿春镇
63	"炸鬼腿"	传说	022	寿春镇
64	老黄牛的传说	传说	022	寿春镇
65	淮河两岸柳树林的来历	传说	022	寿春镇
66	州官观联猜职业	传说	022	寿春镇
67	"拜年"的由来	传说	022	寿春镇
68	腊月二十四"祭灶"	传说	022	寿春镇
69	元宵节为什么要舞龙？	传说	022	寿春镇
70	门里人	故事	023	寿春镇
71	一人得道，鸡犬升天	传说	022	寿春镇
72	风声鹤唳，草木皆兵	传说	022	寿春镇
73	当面鼓，对面锣	故事	023	寿春镇
74	编笆接枣，锯树留邻	故事	023	隐贤镇
75	人心不足蛇吞象	传说	022	寿春镇
76	三十年河东转河西	故事	023	隐贤镇
77	兄友弟恭	故事	023	时家寺

续表

序号	项目名称	分类名称	代码	调查地区
78	外财不发命穷人	故事	023	寿县安丰镇
79	卯天没本子	故事	023	安丰镇
80	人为财死，鸟为食亡	传说	022	瓦埠镇
81	赵拔贡的水烟袋——祖传的	故事	023	隐贤镇
82	过时的皇历——不能用	故事	023	寿春镇
83	王小的故事	传说	022	寿春镇
84	三女婿拜寿	传说	022	瓦埠镇
85	侯美容降香	传说	022	茶庵镇
86	焦氏痛留绝命诗	传说	022	寿春镇
87	柳娘	传说	022	正阳关镇
88	戚秀芳返家	传说	022	保义镇
89	广智斗蟒	传说	022	寿春镇
90	田三嫂搅家	传说	022	隐贤镇
91	和尚与"婆娘"	传说	022	瓦埠镇
92	大米好吃有点咸	传说	022	寿春镇
93	梨桃梅三姐妹	故事	023	寿春镇
94	寿州命案	故事	023	寿春镇
95	三句话离不开本行	故事	023	寿县
96	寿州谚语	谚语	027	寿县
97	寿州歇后语	其他	029	隐贤镇
98	寿州歌谣	歌谣	024	寿县

（二）民间美术（共1项）

序号	项目名称	分类名称	代码	调查地区
1	剪纸	工艺	033	寿春、迎河镇

（三）民间音乐（共6项）

序号	项目名称	分类名称	代码	调查地区
1	寿州锣鼓	器乐	042	寿春镇
2	寿州大鼓书	其他	049	寿县
3	淮词	民歌	041	正阳关镇
4	老婆歌	民歌	041	瓦东地区
5	宝卷	民歌	041	寿春镇
6	光棍溜子	民歌	041	瓦东地区

（四）民间舞蹈（共1项）

序号	项目名称	分类名称	代码	调查地区
1	正阳关抬阁肘阁	生活习俗舞蹈	051	正阳关镇

（五）民间手工技艺（共8项）

序号	项目名称	分类名称	代码	调查地区
1	八公山豆腐制作技艺	农畜产品加工	092	八公山乡
2	寿州紫金砚制作技艺	其他	099	寿春镇
3	大救驾制作技艺	农畜产品加工	092	寿春镇
4	隐贤花炮制作技艺	其他	099	隐贤镇
5	赵士文制香技艺	其他	099	隐贤镇
6	吴家挂面制作技艺	农畜产品加工	092	隐贤镇
7	板桥草席制作技艺	编织扎制	096	板桥镇
8	大美兴香干制作技艺	农畜产品加工	092	正阳关镇

（六）民间信仰（共4项）

序号	项目名称	分类名称	代码	调查地区
1	三月十五四顶山庙会	庙会	144	寿春镇
2	二月十九正阳关庙会	庙会	144	正阳关镇

续表

序号	项目名称	分类名称	代码	调查地区
3	二月二保义龙灯会	庙会	144	保义镇
4	三月三开荒庙会	庙会	144	保义镇

寿县非物质文化遗产陈列馆
（张灿强/摄）

寿春自淮南王刘安后，文人代出，论著颇丰，其中影响较大者有南宋诗人吕本中，明代昆曲创始人张野塘，清末、民国时期的民间剧作家黄吉安、理论家高语罕等。寿县属有"怀诗寿字桐文章"之说，"寿字"被誉为凤阳府"三绝"之一，书画之风极盛，自明清以来，已涌现出近百名著名书画金石家，在中国书画金石艺术领域产生过重大影响。新中国建国后，寿县全面贯彻"双百"方针，活跃学术研究，繁荣文艺创作，涌现出一批全国知名的作家、翻译家、理论家、书画家，如张锴、金大漠、李逸生、朱海观、梅岱、金克木、邵荣芬、司徒越等，他们在国家级报刊上发表了一些颇有影响的作品，有的还出版了多部专著。

改革开放特别是近年来，寿县文化全面繁荣发展，文化事业和文化产业取得丰硕成果，多项工作荣获国家级大奖。1999年荣获全国广播电视先进县（国家广电总局），2005年荣获全国文化先进县（文化部），2007年荣获全国文物工作先进县（文化部、国家文物局），文物保护工作先后荣获第三次全国文物普查突出贡献奖、全国文物系统先进集体等称号。

六

任重道远：保护
与发展之路

安徽寿县芍陂（安丰塘）及灌区农业系统

入选第三批中国重要农业文化遗产（戚士章/摄）

2015年寿县芍陂（安丰塘）及灌区农业系统被农业部授予第三批"中国重要农业文化遗产"。同年10月12日（法国当地时间）芍陂（安丰塘）被国际灌排委员会（ICID）正式列入"世界灌溉工程遗产"名录。

随着城镇化和工业化的快速发展，芍陂的保护也面临着诸多威胁和挑战，保护与发展之路任重道远。随着芍陂入选中国重要农业文化遗产和世界灌溉工程遗产，当地政府和百姓加强了芍陂的保护力度。

（一）
威胁与挑战并存

1. 遗产本体保护力度不够，周边生态环境条件尚待改善

芍陂通过陂塘和分水斗门合理调蓄和利用当地水资源，但对芍陂工程的保护力度尚显不足，基础工程设施老化，分水斗门护栏较少且存在不少生活垃圾，周边生态环境较差，排水渠富营养化较为突出，陂塘内水产养殖对水质有一定恶化，杂乱的周边环境与其历史地位不相协调。同时，芍陂的标识系统不完善，遗产周边没有足够的标识系统介绍遗产

农田灌溉渠道简陋（王斌/摄）

的价值，部分标识的解说有待修改完善。

2. 价值挖掘不够，宣教力度不足

芍陂作为历史悠久的灌溉工程，具有很高的科技价值和文化价值，是利用天然地势和合理利用水资源的典范，但由于基础研究较为薄弱、价值挖掘不够、宣传教育力度不足，使得芍陂无论是在行业内外知名度不高，长期以来社会公众对芍陂的社会价值认识不清，区域竞争力不足。

3. 资金投入不足，保护与管理力度不够

寿县在芍陂水利工程的基础建设和保护投入还不足，同时芍陂由水利、农业、文物、环保等多个部门管理，协调保护、科学管理的机制有待加强，需要在开展基础研究工作的同时，制定相应的保护与管理措施。

4. 气候变化与人为活动干扰

寿县地处季风气候过渡地带，降雨时空分布不均，水旱灾害频繁。

1949年以来全县遭遇较大水旱灾害近40次，累计损失近50亿元。全县抵御自然灾害的能力不强，特别是水利设施薄弱，存在水多、水少、水不均，排泄、调蓄洪功能不强，丰富的水资源利用不足等问题。芍陂灌区内人为活动干扰强烈，由于农田水利条件较好，当地居民勤耕频种，投入强度大，产出多、承载重，土地得不到休养生息。来自畜禽养殖业、水产养殖和种植业的农业面源污染问题依然突出。

（二）
可持续发展之路

随着芍陂及灌区系统入选中国重要农业文化遗产，给芍陂保护和发展带来了新的机遇。十八大和十八届三中全会关于生态文明建设的决策部署，特别是贯彻习近平总书记关于保障水安全的重要讲话精神和中央治水新要求，也给芍陂的保护与发展提出了新的要求。

2014年9月芍陂及灌区系统农业文化遗产保护与发展规划评审会在北京召开（王斌/摄）

1. 芍陂（安丰塘）灌溉工程体系保护

（1）保护目标。芍陂现有灌溉工程体系得到全面保护，管理制度、管护组织与管理设施进一步健全，社会化服务体系日趋完善；利用现代科学技术和科学管理手段，以水利信息化促进水利现代化，全面提高水利管理质量、水平、效率和效益。加强水源工程、灌排水工程和田间工程的建设及配套，合理配置水资源，提高工程完好率、水的利用率和灌排保证率。

（2）相关保护措施与行动计划。堤坝、渠道及基础设施完善：针对芍陂（安丰塘）的堤坝进行修缮加固和定期检测，逐步改善周边干支渠道和灌区的配套基础设施，实施渠道除险加固工程、渠道衬砌工程、渠道生态化工程、灌区续建配套工程，以充分发挥芍陂（安丰塘）的灌溉效益，保障灌区农业生产。

岸线及河道综合治理：结合沿湖浅滩湿地恢复和湖滨带生态林建设，实施岸线综合整治，减轻流域水土流失。开展沿河陆域及河道的环境综合整治，对沿河工业、规模化养殖、生活废水排污口加大整治，对严重污染地区实施生态修复。

相关修缮工程（叶超/提供）

引水渠、干渠、支渠、河道保护：在水利工程沿岸及水源地根据适地适树原则进行植树造林，不仅有利于生物多样性保护，还有利于减少水土流失，减少泥沙淤积，固岸护堤，可更好保护水利工程的水源。

修缮后的支渠（叶超/提供）

芍陂（安丰塘）水利工程遗迹保护：加强对灌区水利工程遗迹情况的普查，建立水利工程遗迹数据库；对于残缺的建筑（古遗迹）修复应"整旧如故，以存其真"。修复和补缺的部分必须跟原有部分形成整体，保持景观上的和谐一致，有助于恢复而不能降低它的艺术价值、历史价值、科学价值、信息价值。

相关技术专家赴安丰塘开展调研（王斌/摄）

2.　灌区农业生态系统保护

（1）保护目标。遗产地范围内，生物多样性得到有效保护，尤其是水生生物资源得到有效保护；建设农业生态保护示范区；生态水产养殖技术普及率、生态农业技术普及率、清洁能源普及率稳步提高；农田生态环境质量有所改善；农业面源污染得到有效控制。建立健全农业生态补偿机制；总体上提高农业生态系统的稳定性和增强对恶劣环境影响的抵抗力。

（2）相关保护措施与行动计划。农业生态保护包括遗产地的生物多样性、森林资源，土壤、水、大气等环境资源；人工林的营造；农村生态环境的保护及区域水环境的保护。如沿湖浅滩湿地保护、湖滨生态环境保护、入湖河道环境保护，引水渠、干渠、支渠河道生态环境保护等。

农业文化遗产地定期环境监测：建立遗产地保护区、农业面源污染、生活污染监测网络，实时监测遗产地范围内水体中污染物的种类、各类污染物的浓度及变化趋势，评价水质状况，及时采取措施减少污染源危害。形成两年一次定期监测机制，维持遗产地内土壤、水、大气环境健康，保障遗产地农产品质量安全。

开展CO_2监测与碳汇潜力研究（张灿强/摄）

芍陂（安丰塘）水域生态监测及保护：开展水生生物监测，严格控制芍陂（安丰塘）及岸线以外300～500米范围内的建设量及建设区位，以有效保护芍陂（安丰塘）水体质量；定期监测芍陂（安丰塘）水质状况，合理控制水产业、旅游业的开发强度，逐步降低芍陂（安丰塘）目前的水产养殖规模。

近年来，寿县把位于寿县古城和八公山之间的东台湖纳为芍陂灌区及瓦埠湖综合治理项目，积极实施退耕还湖工程，生态环境大为改善，东台湖成为各种鸟类栖息的乐园。数万只白鹭齐聚寿县八公山下的东台湖，成为当地一道靓丽的风景线。

鹭舞东台（赵阳/摄）

鹭舞东台（赵阳/摄）

鼓励种植传统农业品种：鼓励种植传统农作品种，让传统优良品种得到有效传承。对连片栽培传统农业品种的农户给以持续奖励。

传统梨树规模种植（张灿强/摄）

农业资源高效循环利用：鼓励研发节水型农田水利设施和技术，大力推广节水型农田水利设施与节水技术，建设高效节水灌溉示范区。实施沼气、太阳能等清洁能源工程，开展秸秆资源化利用。

召开秸秆禁烧和综合利用工作会议（熊文田/摄）

3. 景观保护

（1）保护目标。对遗产地范围内的土地利用状况、房屋建筑、水利设施等利用情况进行详细调查，建立相应的数据库，进行分类和评价；对遗产地范围内古建筑、构筑物、灌溉设施等的保护和保存进行详细论证和研究；设立专门的机构对农业文化遗产地的村容村貌和景观变化进行监测和监督，防止违规建设。通过农村环境治理、农田整治，植树造林，进一步丰富水源地、水利工程沿岸、灌区等遗产地范围内的农村、农田、森林景观，整体提升芍陂（安丰塘）及灌区农业系统的景观美感；充分发挥遗产地水利工程遗址群、古建筑物和构筑物、农田水利的科普景观价值，通过合理规划，引导形成具鲜明地方特色的田园风光和水域景观。

（2）相关保护措施与行动计划。农业景观保护包括遗产地范围内的农田水利工程景观、遗址景观、古建筑景观、田园景观、水域景观、水岸、河岸自然景观和森林景观，以及与田园景观和谐统一的传统古村落景观及具有地方特色的村落景观。

重要景观的保护与修缮。对遗产地范围内的重要景观开展普查，加强保护力度，并进行修缮工作。

农村环境保护与景观提升：在遗产地实现重点乡镇（村落）生活垃圾分类收集、建设健全垃圾储运系统；建设垃圾处理厂；提高生活垃圾无害化处理水平。拆除违规建设房屋，通过绿化美化维护村落整体风格，重点是保持和恢复与自然景观相协调的传统古村落景观及具有地方特色的村落景观。

规模化畜禽养殖场畜禽粪便的综合利用：在粪便处理技术、再利用途径等给予养殖户指导，积极扶持"养殖+种植"生产模式，鼓励养殖户对畜禽粪便进行循环利用，确保遗产地废弃物的资源化利用与无害化处理。

修缮和恢复古民居，申报传统村落：在农村建设中充分保留、修缮和恢复传统的村落形式，体现地方文化特色；有条件的地方可申请由住房城乡建设部、文化部、国家文物局、财政部联合审批管理的"中国传统村落"。

城墙修缮（王斌/摄）

农村垃圾回收（张灿强/摄）

古巷修缮（戚士章/提供）

4. 水利与农耕文化保护

（1）保护目标。在遗产地范围内开展芍陂（安丰塘）及灌区农业系统相关文化资源普查与整理；培养相关文化艺术人才；启动文化节策划、组织工作；芍陂及相关的遗址、古建筑等物质文化遗存保存完整，能够发挥其科研和教育作用；成立芍陂（安丰塘）及灌区农业系统文化研究中心，进行文化资料的整理出版；建设芍陂（安丰塘）及灌区农业系统农业文化博物馆；传统民俗节庆活动、民间艺术等非物质文化得到有效传承和保护；乡规民约持续发挥作用；农业文化遗产地居民能够发挥其文化自觉，传承和发扬传统文化中优秀的价值内涵。

豆腐文化馆（王斌/摄）

（2）保护措施与行动计划。农业文化保护包括遗产地范围内的物质文化遗存和非物质文化遗存保护。物质文化遗存：指芍陂（安丰塘）水利工程及相关的遗址、文物保护单位、古建筑等。包括不可移动文物，即不可移动文物遗产、重点文物保护单位，古建筑，古树等；代表性传统农具。非物质文化遗存：包括芍陂（安丰塘）古水利工程相关的水利兴修技术及相关的水利史；农

业灌溉和农业生态保护相关的传统知识、农业生产组织方式相关的有效乡规民约；与芍陂（安丰塘）密切相关的历史人物和事件传说、风俗传说和古迹传说等。

芍陂（安丰塘）及灌区农业文化普查与整理：加强对芍陂（安丰塘）及灌区文化传承、发展与流失情况的普查，走访收集并记录与芍陂（安丰塘）密切相关的历史人物和事件传说、风俗传说和古迹传说，对诗词歌谣、民间文艺、民间习俗、谚语等进行补漏性调查，传承好优秀的民间文学和民风民俗。深入挖掘灌区优秀的农业生产经验如传统水利知识、农耕技术等，以及传统的社会治理模式如乡规民约、社会组织结构等，增加遗产地居民对芍陂（安丰塘）及灌区文化精神价值的认识，促进建立完善的遗产保护机制。

非物质文化遗产调查（王斌/摄）

文化场馆建设与古建筑修复：建设芍陂（安丰塘）水利工程博物馆，充分利用文庙、孙公祠等文化建筑，展示芍陂灌溉工程体系及灌区农业发展历史、水

利农业科技成就、灌溉文化等。根据农业文化遗产普查结果对遗产地的古民居村落、寺观庵堂、文庙书院、祠堂会馆、古塔关寨、名人故居祠宇及农业生产设施进行修缮和保护，重点修缮为纪念孙叔敖而修建的孙公祠。

举办芍陂（安丰塘）农业文化节：选择农作物收获季节组织开展芍陂（安丰塘）农业文化节，将与芍陂（安丰塘）及灌区相关的农耕节庆文化、民族歌舞、文学艺术、祭祀等多种非物质文化予以集中展示。

2016年6月11日，第11个中国文化遗产日，淮南市主场城市非遗展演活动在寿县隆重举行。

孙公祠修缮设计图（寿县文广新局/提供）

传统农具收集（张灿强/摄）

非遗展示活动（熊文田/摄）

加强科学研究和交流：支持相关领域科技工作者来芍陂及灌区进行科学研究，为芍陂及灌区的可持续发展提供科技支撑。

2014年3月27日至28日，"寿县明清城墙暨安丰塘遗产保护研讨会"在安徽省寿县召开，来自国内外文化遗产、农业遗产、水利遗产、历史文化名城、城市规划等领域的专家，就寿县明清城墙以及安丰塘申报国家农业文化遗产等问题进行了研讨。

寿县明清城墙暨安丰塘遗产保护研讨会文集（中国文物学会世界遗产研究会/提供）

整理出版农业文化遗产保护系列丛书：筹建芍陂（安丰塘）及灌区农业系统文化研究中心，在芍陂（安丰塘）及灌区文化普查的基础上，加强文化保护与挖掘、继承与发展的研究，创办芍陂（安丰塘）研究学术刊物，整理出版农业文化遗产系列丛书、拍摄制作农业文化遗产宣传片，全面、系统、多方位反映芍陂（安丰塘）及灌区传统文化的传承、保护、发展与取得的成就，引导水利工作者、遗产地居民自觉传承其优秀的技术和精神。

寿县故事传说（王斌/摄）

5. 生态农产品开发

（1）发展目标。充分利用遗产地资源优势，大力发展生态农业，形成以农产品为基础的生态产业链条，切实带动区域经济发展和农民增收致富。不断挖掘新型生态农、林、渔业产品及深加工产品类型；建设绿色农产品生产基地，开拓以绿色食品为基础标准的新的生态农业生产基地；实践"农民专业合作社+农户""龙头企业+合作社+农户"、家庭农场等多种形态的生态产品生产组织模式，带动遗产地范围内不同类型的农、林、渔业产品加工企业发展，完善生态产品生产的产业链条；依托生态农产品的生产、加工及其相关产业，不断提高遗产地农村居民人均收入水平。注重产品宣传和品牌建设。

（2）发展措施行动计划。发展多种类型的生态农产品、水产品及其深加工产品；在遗产地适宜位置新建不同层次生态产品生产养殖基地；进行国内外不同标准的生态农产品认证。通过技术指导，提高农产品品质；通过科学指导和政策扶持，提升现有农产品加工企业的生产加工技术标准和加工能力；着力打造成熟农产品品牌，推向全国；在初级农产品加工基础上，延伸产业链条，发展以农副产品为基础的多种经营；集中品牌优势，优先占领大城市市场，开拓海外市场。

遗产地主要产业布局规划：根据遗产地各乡镇现有产业基础条件，通过政府引导和扶持，力争形成一镇一产业的发展布局。

生态产业发展布局（张龙/提供）

遗产地生态产品品种开发：立足水、土资源优势，重点发展水稻、玉米、大豆、小麦等传统粮食作物，同时挖掘其他类型生态农产品，包括水产、水果、畜禽、野生动植物等。

优质水果生产基地（王斌/摄）

发展农副产品深加工：依托遗产地得天独厚的资源优势，大力发展以生态养殖、席草和柳编为重点的特色农副产品深加工产业，大力支持农业技术部门、扶贫部门以及企业探索先进经验、引进先进技术，拓展更多具有寿县特色的深加工农副产品。由龙头企业带动逐渐发展，提高农副产品附加值，打造成熟的产业链。

各种柳编制品（闵庆文/摄）

　　生态农产品认证：加强无公害产品、绿色食品、有机农产品和地理
标志产品认证，有条件的企业、合作社可以进行国际有机农业产品认
证，出台农业文化遗产标示使用管理办法。

生态水产养殖基地（张灿强/摄）

特色畜禽养殖基地建设：大力发展皖西白鹅、麻黄鸡、麻鸭等地方优质畜禽，加快实施畜禽良种工程和改良计划，大力推进畜牧业标准化规模化健康养殖，建设高标准畜禽规模生产基地。

安徽皖西白鹅原种场（张灿强/摄）　　　　席草种植实验基地（王斌/摄）

品牌宣传与网络营销：在电视、广播、报纸、杂志等传媒上多层次多角度开展各类产品的宣传，积极参加各种农产品展览和宣传活动；建立芍陂（安丰塘）及灌区农业系统系列农产品网，集中展示遗产地的特色产品和对外贸易等信息。

"互联网+"带动农产品推广（熊文田/摄）

龙头企业培育和品牌创建：加大本地品牌创建，如以八公山豆制品为重点，做好豆制品加工；做好生猪、龙虾等畜禽及水产品加工；以板桥草席总厂为依托，加大席草基地建设。

龙头企业与合作社培育（王斌/摄）

6. 休闲农业发展

（1）发展目标。利用"天下第一塘"芍陂（安丰塘）的影响力，结合有"地下博物馆"之称的中国历史文化名城寿县及八公山风景名胜区，整合资源，将遗产地打造为国家5A级旅游景区和国家级水利风景区、国家级高效农业示范区、国家级灌区文化科教基地、华东田园生活体验示范区。

提高芍陂（安丰塘）及灌区农业系统休闲旅游产品的知名度和地区影响力。重点建设芍陂（安丰塘）水利风景区、寿县古城景区、八公山风景名胜区等以农业文化遗产为主题的旅游区，加强正阳关镇民俗风情区建设。遗产地旅游服务设施要设计并使用体现农耕文化的标识系统，建设旅游信息网络，完善交通网络，改造现有宾馆和饭店。

各旅游区基本成型，基础与服务配套设施完善，生态与环境质量得以保障，有较高市场知名度和影响力。完成多个农耕文化精品建设任务，调整遗产地部分旅游产品的开发和布局，形成富于文化溯源、民俗风情与田园生活体验的农业文化旅游发展模式。同时理顺各方关系，实现农业文化遗产旅游发展对旅游业及区域可持续发展的推动作用。

桃梨花海（赵阳/摄）

（2）相关发展措施与行动计划。打造遗产地"一轴、两环、四区、多点"的生态休闲农业发展格局。从景点与线路设计、接待设施、品牌打造、产品设计、解说与指示、市场营销、社区参与、游客和产值、与相关旅游资源的融合等方面建设遗产地休闲农业发展模式。一轴：指遗产地北部寿县古城旅游区和南部芍陂（安丰塘）水利风景区之间的带状发展区域。两环：是指以文化溯源、民俗风情为主题的芍陂（安丰塘）水利工程及其灌区的历史文化、民风民俗科学考察游览环线及以田园生活观光体验为主题的芍陂（安丰塘）水利风景区周边区域的农业观光体验游览环线。四区：指芍陂（安丰塘）水利风景区、寿县古城景区、八公山风景名胜区以及正阳关镇民俗风情区，包括各区内的历史人文及自然景观、民俗文化等。多点：是指分布于各大区域及游览线路上的景点及服务点。

安徽寿县芍陂（安丰塘）及灌区农业系统农业文化遗产保护与发展规划（2015-2025）

保护措施与行动计划：
资源整合及游线设计；
道路建设；
发展农家乐旅游；
古城旅游开发；
八公山旅游中心建设；
芍陂（安丰塘）旅游开发；
正阳关镇旅游开发；
旅游商品开发；
旅游基础设施建设。

休闲农业发展布局

"一轴、两环、四区、多点"

一轴：指遗产地北部寿县古城旅游区和南部芍陂（安丰塘）水利风景区之间的带状发展区域。

两环：是指以文化溯源、民俗风情为主题的芍陂（安丰塘）水利工程及其灌区的历史文化、民风民俗科学考察游览环线及以田园生活观光体验为主题的芍陂（安丰塘）水利风景区周边区域的农业观光体验游览环线。

四区：是指芍陂（安丰塘）水利风景区、寿县古城游览区、八公山风景名胜游览区以及正阳关民俗风情区，包括各区内的历史人文及自然景观、民俗文化等。

多点：是指分布在各大区域及游览线路上的景点及服务点。

图　例
旅游发展轴
芍陂（安丰塘）农业观光游览环线
芍陂（安丰塘）科考游览环线
寿县古城游览区
八公山风景名胜游览区
正阳关民俗风情区
芍陂（安丰塘）水利风景区
主要景点及服务点布置

休闲农业发展布局（张龙/提供）

资源整合及游线设计：整合芍陂（安丰塘）水利风景区、寿县古城景区、八公山风景名胜区以及正阳关镇民俗风情区的自然景观、人文景观、农业景观等优势资源，以文化溯源、民俗风情与田园生活体验为主题，设计满足游客吃、住、行、游、购、娱等需求的特色旅游路线。

豆腐制作体验（张灿强/摄）

旅游基础设施建设：遗产地内交通线路要形成系统，以使遗产地内重要的景点和发展区域相互串联起来。系统设计展示标示，在芍陂（安丰塘）、水门、各级渠道、灌区农田生态系统等关键位置树立标示牌，在古代水门遗址、迎水寺遗址等设立标示牌，完善遗产地的旅游、科普教育标识系统。

发展农家乐旅游：在旅游重点开发区的乡镇，抓好一批农村生态庭院建设。使其具有娱乐、休闲、垂钓、采摘等功能，让游客参与农家活动，体验农家生活。

古城旅游开发：坚持保护和修复优先，以观光休闲为主题、以综合服务、会议娱乐为主导功能，以古城墙、博物馆、清真寺、特色街为依托，加强古城旅游基础设施建设。重现"引流入城、交汇城中"依山傍水的古城格局。注重古城区绿化、美化，重点实施好古城墙修复，护城河疏浚和水上乐园、旅游商品一条街、地方美食一条街等重点项目。

古城墙上休闲的人们（张灿强/摄）

八公山旅游中心建设：突出仙、泉、药、石四大特色资源开发，规划建设六个区：万古涌泉区（休闲健身养生园）、道教文化区（淮南王升天处）、古生物化石景区（震旦纪公园）、梨香雪海景区（梨乡风景区）、豆腐文化园和滨水休闲区。要加强生态环境整治和建设，逐步消除矿产开发和生产生活干扰，重现"风声鹤唳、草木皆兵"壮观场景。挖掘、整理神话传说和历史文化，丰富八公山文化内涵。重点提升中国豆腐文化旅游区、廉颇墓及廉颇纪念馆、淝水古战场影视基地。

八公山春色（赵阳/摄）

安丰塘下景观农业（赵阳/摄）

芍陂（安丰塘）旅游开发：在维护水体主导功能的基础上，恢复邓艾庙塔、利泽门赏月、罩口观夕阳、孙公纪念祠、古城墙遗址、石马观古塘、五里迷雾、凤凰观日出、洪井晚霞、沙涧荷露安丰塘十大景点。在安丰塘塘中岛开发方面，修建通岛景观桥，进行景观整治，修建春秋驿站、安风亭、秋晚曲廊和亲水木栈道，将塘中岛打造成安丰塘旅游重要的文化休闲度假中心。适当进行安丰塘水产养殖开发，目前重点做好综合娱乐场、水上乐园、仿古建筑物、环境综合利用开发及水上体育项目的开发。

观景凉亭（戚士章/摄）

县政府斥资50万元，在安丰塘北堤下面的戈店村农田，利用不同颜色的水稻品种，制作出古城门、著名书法家王家琰书写的"天下第一塘"、荷花、安丰塘凉亭等栩栩如生的稻田画，同时建造了古色古香的三层塔楼式红木观景亭，为古塘芍陂又添新景观。

稻田画（周畅/摄）

稻田画观景亭（赵阳/摄）

正阳关镇旅游开发：正阳关历史悠久，文化底蕴深厚，文物古迹众多，旅游资源丰富，充分依托千年古镇优势，大力发展具有正阳关特色的旅游业，是振兴正阳关经济的重要支柱之一。重点扩建玄帝庙公园游览区，改建南街游购区、淮河游览区、老城寻古区，同时打响"中国民间艺术之乡"品牌，发扬光大正阳关抬阁、肘阁、穿心阁等民间艺术。

2016年第四届八公山旅游嘉年华汉式婚礼现场大鼓书表演（寿县人民政府网/提供）

旅游商品开发：配合不同旅游小区的主体和季节性主题，设计开发相关的旅游商品，可从仿古艺术品、玉器、民俗产品和农产品等方面进行设计，力求精巧、实用、有吸引力。在主要的旅游节点上建设农业文化遗产地农产品展卖点，统一标识，将生态农产品作为旅游商品进行推广。

各种地方特产和旅游食品（戚士章/摄）

（三）
保护与发展的能力建设

1. 文化自觉能力

（1）**发展目标** 农业发展中能够将农业文化遗产保护与发展的思想纳入区域可持续发展与农业农村发展的政策中；农业文化遗产的保护与发展成为遗产地未来生态保护与经济发展的优先思路；规划期内基本实现芍陂（安丰塘）及灌区农业系统农业文化遗产相关知识的普及；营造有利于农业文化遗产保护与发展的氛围，实现各利益相关方特别是遗产地管理者与遗产地居民的积极参与。

（2）**发展措施与行动计划** 农业文化遗产相关知识普及：编写农业文化遗产科普读物、技术手册；摄制宣传影视资料；开展文化下乡、学术活动、摄影展等多种形式活动。

农业文化遗产认知率：各利益相关方对农业文化遗产价值与保护重要性的认识及参与保护与发展积极性；社区居民参与遗产保护与发展的自觉性与积极性。

2016年3月，寿县人民政府在京召开"寿县水利文化建设总结规划暨芍陂农业遗产构成与价值评估项目评审会"。

相关规划评审（戚士章/摄）

　　编写科普读物：编写领导干部读本、农业实用技术手册、小学或初中阅读教材，在学校的展览和入学教育中融入农业文化遗产的内容，普及芍陂（安丰塘）及灌区农业系统的相关知识，培养当地民众对农业文化遗产的深厚感情和自豪感，提高各利益相关方的认知与参与保护和发展的积极性。

芍陂故事与芍陂诗文（戚士章/提供）

　　宣传普及：摄制宣传影视资料，制作包含芍陂（安丰塘）及灌区农业系统介绍的旅游宣传手册与挂历，利用报纸、广播、电视以及高速路口广告牌等传统媒体进行普及宣传，同时发挥微博、微信等新兴媒体的作用，运用形式活泼、贴近生活的内容宣传农业文化遗产及其相关产品，创造有利于芍陂（安丰塘）及灌区农业系统农业文化遗产保护与发展的氛围。

　　文化下乡：借助文化下乡活动，唤醒社区民众的文化自觉。文化部门借助文化下乡等手段，开展农民教育，制作并发放电教材料宣传农业文化遗产及其保护与发展理念。农业技术部门将农业文化遗产保护与发展生态农业的要求切实落实到日常工作中，在农技知识普及中加入农业文化遗产的部分内容。

举办多种形式交流活动：赞助、参加和举办农业文化遗产交流活动，特别是关于芍陂（安丰塘）及灌区农业系统的学术活动，深入挖掘系统的多重价值与多样文化；举办摄影展、征文比赛，收集、撰写和拍摄与之有关的诗歌、散文、小说、摄影作品，提高社会各界对芍陂（安丰塘）及灌区农业系统农业文化遗产的关注度和认知率。

寿县领导与专家交流（戚士章/摄）

2. 经营管理能力

（1）发展目标　继承和重塑乡土文化，探索建设兼具乡土性与现代性，既存续了人文精神，也展现了现代公共治理规律的新型乡村模式，让居民望得见山、看得见水、记得住乡愁；遗产管理者对遗产的保护与发展有着明晰的思路，能够对基层管理人员进行系统的指导；通过构建多部门协作、多层次参与的农业文化遗产保护与管理网络和开展主题宣传与技术推广活动，不断提升政府和社区对农业文化遗产的经营管理能力；通过政

保护与发展规划（戚士章/提供）

府扶持，企业创新能力得到提升，品牌建设取得显著成效；通过培训学习，遗产地居民具备多种经营能力，增收致富的手段更加丰富，同时能够结合自身实际对相关政策的制订提出建议。

（2）发展措施与行动计划　决策参与能力建设：提高各相关方决策参与意识、决策参与能力，提高农业文化遗产管理者对农业文化遗产保护的整体把握与认识，提高对农业文化遗产相关政策的理解、执行与制定能力。专业人才培养：培养专业的行政管理人才，提高遗产地居民的科技素质，增加居民参与积极性，培养居民的多种经营能力；培养对遗产地相关产业懂技术、懂市场、能决策的复合型人才。

2016年4月寿县领导在北京作申报全球重要农业文化遗产陈述报告（戚士章/摄）

管理机构设置：寿县人民政府设置安徽寿县芍陂（安丰塘）及灌区农业系统农业文化遗产保护与发展相应管理机构，充实和配备专业管理人员，具体负责农业文化遗产相关工作，提升政府对农业文化遗产的保护、利用及管理能力；设置不同科室、增加人员编制，有固定人员专门负责农业文化遗产的保护、发展、宣传教育以及其他各个方面的相关事务。

乡村治理现代化建设：让传统乡村文化回归，将公共服务普及、基层民主建设与乡土文化的延续、公序良俗的形成有机结合到一起。让乡贤以自己的经验、学识、专长、技艺、财富以及文化修养参与新农村建设和治理。

灌溉工程管理机构：寿县安丰塘水务分局（县水务局/提供）

围绕让群众看得懂、记得住、受教育、有收获目标，精心打造农民大舞台、文化长廊、文化墙等文化板块，将"人心不足蛇吞象""编笆接枣与锯树留邻"、"当面锣对面鼓"等地方典故，运用图片、漫画等群众喜闻乐见的形式展现出来，

农民大舞台（寿县人民政府网/提供）

规章制度建设：建立健全适合芍陂（安丰塘）及灌区农业系统保护的社区参与相关规章制度，实现与农业文化遗产保护相关的决策的法制化，以确保社区参与实施的严肃性和延续性。

技术和管理人员培训：定期培训基层农业技术人员，推广生态农业的发展理念、发展模式及生态农业技术；定期培训与农业文化遗产保护与发展相关的管理人员，以讨论班等形式深入学习和探讨农业文化遗产管理方法和经验；不定期对企业家进行培训，旨在转变经营理念，以生态产品与可持续农业的拓展为企业主要发展方向。

县农委组织技术骨干参加农业部举办的管理人员培训班（戚士章摄）

人力资源建设：建立完善的农业技术推广与培训体系，加大技术培训力度，提高当地居民的科技素质；开展多种经营技术培训，培养当地居民的多种经营能力，提高当地居民参与农业文化遗产保护与发展的积极性；定期开设经营管理能力培训班，培养专业的行政管理和企业管理人才；培养专业产品技术人员和开发人员，提高企业创新能力。最终建成一支对遗产地及相关产业懂技术、懂市场、能决策的复合型人才队伍。

监督机制建设：完善监督机制，监督芍陂（安丰塘）及灌区农业系统农业文化遗产保护与发展工作，建立可追溯的维护管理机制、生产履历制度和食品安全保障体系，制止违法违规行为，实现农业文化遗产保护与发展工作的健康有序。

农民培训（张灿强/摄）

　　设立农业文化遗产保护与发展基金：设立寿县农业文化遗产基金委员会，并每年下拨一定量专项基金，用于奖励对遗产地发展做出突出贡献的单位和个人，增加遗产地居民、企业保护的积极性。

　　组织农民建立农民专业合作社：引导农户以土地和劳力入股等形式参与企业生产基地的建设或参与农民专业合作社，将零散的小农生产转变为规模化的基地生产形式。在这一过程中，提高农民参与农业生产的技能，不断解放农业劳动力。

省领导在寿县芍陂（安丰塘）调研（戚士章/摄）

附录

安徽寿县芍陂（安丰塘）及灌区农业系统

附录1　旅游资讯

寿县古称寿春、寿阳、寿州，早在夏禹九分天下时，这里属扬州。西周和春秋时期，蔡国和楚国先后迁都于此，西汉时刘邦之子刘长和刘长之子刘安为淮南王，在这里建都。东汉末年，袁术在寿春称帝。随后，历代王朝都在这里设州置府，所谓"扬（州）寿（州）皆为重镇。"寿县历史上一直是江淮大地的政治、经济、文化中心。

寿县古城（赵阳/摄）

远眺寿县古城（戚士章/摄）

　　"楚山重叠蠹淮濆，堪与王维立画勋"。900多年前，北宋文学家王安石以这样优美的诗句，盛赞寿县山川之秀美。1986年被国务院确定为国家历史文化名城，其所独具魅力的文化旅游特色，享誉海内外。

（一）
推荐路线与重要景点

寿县旅游景点导览图（寿县旅游局/提供）

1. 寿州文物古迹游

游览路线:

古城墙(通淝门、宾阳门、靖淮门)—孔庙—楚文化博物馆—安丰塘—孙公祠。文物古迹游将带你寻觅千年古城的历史印迹。

重要景点有:

(1)古城墙　作为古老历史的见证,宋代古城墙巍峨壮观,长达7千米多,不仅有御敌之功能,而且有抗洪之效。1991年特大洪涝灾害,千年古城就将漫天大水拒之门外,保得城内15万人的生命财产安全,也再次显示了大水围城"金汤巩固"的奇观。

寿县古城墙东门宾阳楼(张灿强/摄)

（2）淝水之战古战场　淝水之战是中国古代战争史上著名的战例之一，发展在寿阳（今寿县）境内。383年，东晋以八万多兵力，在此击败了号称百万企图灭亡东晋的前秦军，取得了整个战争的胜利，前秦不但在此遭到挫败，也因此导致了政权的瓦解。这次战争的胜利，稳定了东晋在南方的胜利，形成南北对峙的历史局面。战争中的故事"投鞭断流""围棋赌墅"和"风声鹤唳，草木皆兵"等成语典故流传至今。

淝水古战场（寿县人民政府网/提供）

（3）芍陂　寿县城西南的安丰塘是我国古代四大古水利工程之一，为春秋楚相孙叔敖集民力所建，其历史比李冰父子兴建的都江堰还要早。1976年联合国大坝委员会主席托兰亲临安丰塘考察，随后常有国际友人、专家、学者、海外侨胞光临参观并盛加赞誉。安丰塘塘中有岛、岛中有塘，游览于千年古塘的湖光山色之中，便可看舟帆点点、听渔歌阵阵，感受人在画中游的奇妙意境。

芍陂工程（戚士章/摄）

（4）孔庙 寿县孔庙又名学宫，位于寿县城内西大街中段，唐时建于城内东南隅，元代建于此。自元泰定元年（公元1324年）至清光绪六年（公元1880年）中经大小42次维修、扩建，形成了一个规模宏大、体系完整的建筑群。2005年寿州孔庙公布为省级文物保护单位。

寿县孔庙（张灿强/摄）

（5）寿县楚文化博物馆　寿县博物馆位于寿春镇古城西大街中段的南侧，2009年被批准为国家二级博物馆和国家4A级旅游景区，寿县博物馆是以收藏本区域内出土的历史文物为主，侧重收藏楚文化体系文物，同时以兼藏近、现代传世文物和革命文物为辅的地方综合性博物馆。

寿县楚文化博物馆（张灿强/摄）

汉淮南王刘安墓（张灿强/摄）

2. 豆腐寻根游

（1）游览路线　珍珠泉—淮南王刘安墓—八公山森林公园—大泉村（中国豆腐文化村）—观看、参与豆腐制作过程。豆腐寻根游将让你了解豆腐的历史及制作过程。

（2）主要景点　淮南王刘安墓：传说当年淮南王刘安与八公在八公山上修炼仙丹，以求长生不老之术。《神仙传》中说他与八公仙丹炼成后，就升天而去了。相传刘安在炼丹时无意中发明了豆腐，成为豆腐的始祖，八公山也就成了中国豆腐的发祥地。这里的豆腐质地优良、味道鲜美、享誉海内外。千百年来，这里的农民采用传统的制作工艺，利用八公山泉水制作的豆腐白如纯玉、细如凝脂、鲜嫩滑爽。每年豆腐文化节期间，海内外游客都忘不了去拜祭这位豆腐的始祖。

　　中国豆腐文化村—大泉村：在刘安墓西侧的中国豆腐文化村——大泉村，你可以参观古代豆腐作坊，考察一下古代豆腐生产工艺及豆腐生产发展过程。如果有兴趣，你还可以亲自制作、品尝豆腐，更是别有一番情趣。

中国豆腐村大泉村（戚士章/摄）

珍珠泉（张灿强/摄）

珍珠泉：位于寿县城北门外2 500米的八公山下。又名咄泉，在平静的泉池里，若听到响声，水底便有股股珍珠般泉水冒出水面，光照之下，圆润晶莹，五光十色，大者如珠，小者如玑。珍珠泉水甘洌爽口，是烹茶的上品。

八公山景区：4A级风景区，位于寿县寿春镇北门外1千米，景区面积10平方千米，由八公山森林公园、四顶山奶奶庙景区、寿园等组成。

八公山森林公园（戚士章/摄）

3. 寿州宗教朝觐游

游览路线：

报恩寺—基督教堂—清真寺—八公山帝母宫—茅仙古洞。宗教朝觐游是寻仙求道者的理想之旅。寿县集基督教、伊斯兰教、佛教、道教于一城。在城内可游华东最大的清真寺、基督教堂、报恩寺；若想寻仙求道，则可游城北的八公山帝母宫、茅仙洞。

茅仙古洞：茅仙古洞位于城北10千米处，是一座朱柱碧瓦的道观，有"淮河第一名观"之称，如今每逢农历三月十五、农历二月十四，方圆几百里的善男信女从四面八方赶赴八公山、茅仙洞进香朝拜。

茅仙古洞（戚士章/摄）

报恩寺：寿县报恩寺坐落在城内东北隅，旧名崇教禅院、东禅寺，明洪武年间改为今名，始建于唐代。传说为唐玄奘奉敕建造。明末清初宿十八罗汉，堪称艺术珍品，曾为寿县博物馆所在地。

报恩寺（赵阳/摄）

八公山帝母宫：相传道教创始人老子及道教南华真人庄子都曾在这一带活动过。"帝母宫"则兴盛于汉唐，现存遗址建于明嘉靖十九年，明清以来，在皖西北两淮一带一直是道教活动中心。目前仍是重要的道教活动场所。每逢农历三月十五，邻近县市的善男信女都会云集于此，帝母宫内更是人流滚滚，香雾腾腾。

八公山帝母宫

寿县清真寺：寿县清真寺是华东地区最大的清真寺，旧称礼拜寺、回教堂，位于寿县寿春镇回族群众聚居的清真寺巷内，始建于明代，历经多次重修，在安徽省现有的百余座清真寺中为较大的一座。建筑群坐西向东，三进重院，院落东西长128米，南北宽44米，各式房屋40余间，占地面积5 400平方米。

寿县清真寺（戚士章/摄）

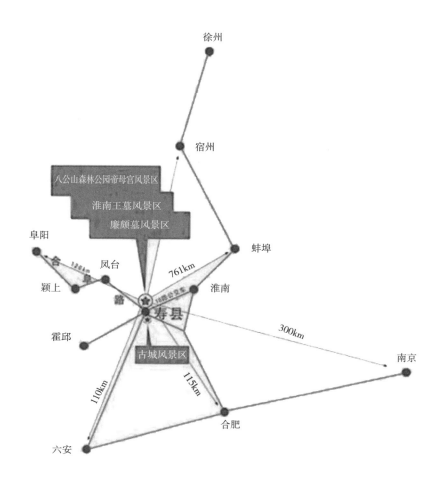

寿县周边交通图（寿县人民政府网）

寿县至各景区距离（单程千米）

寿县—八公山2千米

寿县—安丰塘30千米

寿县—茅仙洞18千米

寿县—淮南市19千米

寿县—合肥市100千米

寿县—六安市100千米

寿县—蚌埠市70千米

（二）
标签饮食

（1）**寿县牛（羊）肉汤**　牛肉汤、羊肉汤是老寿州人早点摊上必不可少的饮食。把上好的牛肉煮成烂熟，待其凉后，切成小薄片，将红辣椒末、香葱末、姜末、胡椒粉，咸盐，一起放入大锅烧开，制成汤料。食用时，把牛肉和粉丝一起放在滚开的汤料里涮一下，取出放入碗中，浇上汤料，撒上香菜末即成，牛肉的香味与鲜、辣融为一体。用同样的方法，将牛肉换成羊肉，也就成了另一种美味快餐——羊肉汤。

（2）**寿州粉褶子**　这是本地较有影响的、平民型的传统食品。旧时，人们为了在冬季有客人到来的时候，能够拿出像样的食品来招待，于是，就地取材，用自家生产的绿豆，将其磨成粉，调成糊状，在锅里摊成薄饼。再把薄饼切成许多菱形小块，放在箔席上晒干，然后放在瓦罐里保存起来。由于菱形小薄饼被晒干以后呈弯曲的褶皱状，这东西就被称作"粉褶子"。粉褶子已成为一种大众小吃，兼具有清热、解毒、利尿的功能，

（3）**郝圩酥梨**　皮薄、瓤脆、多汁、无渣滓、甜味浓重，现有品种金盖酥、白皮酥、青皮酥，已经成为公认的品牌品种。

牛肉汤（戚士章/摄）

郝圩酥梨（张灿强/摄）

（4）寿州特蜜桃　"安农"水蜜桃，又称"寿州特蜜"，水蜜桃最大特点是早熟，果实呈近圆形，较大，6月中旬即可摘食。果肉乳白色，局部微带淡红，果皮易剥离，手一撕即掉，肉细嫩多汁，香甜可口，且营养丰富。专家称"安农"水蜜桃，属国内外早熟桃中罕见的新品种。

寿州特蜜桃（寿县农委/提供）

（5）寿州豆腐脑　寿州豆腐脑用上等黄豆磨成的豆浆制成的，外形介于固体的豆腐与液体的豆浆之间那种半固体状态，洁白、细嫩，入口清香、爽利。把它从特制的瓮罐型陶缸内用铜制扁勺取出，放入碗中，添加佐料即可食用。与一般豆腐脑不同的是，它在碗内仍能保持一定的

寿州豆腐脑（寿县人民政府网/提供）

形状，稍一搅动便成了由碎块组成的"漂汤"，不会成为那种细末的糊状，在食用前，还可以添加不同的配料，使其成为不同口味的豆腐脑，有咸豆腐脑、甜豆腐脑、辣豆腐脑、牛肉豆腐脑、羊肉豆腐脑、粉丝豆腐脑等。这种小吃，当地人百吃不厌，外地人吃了无不交口称赞。

（6）大救驾　这种扁圆状的糕点，是用油酥出来的，形成了内外几十层酥脆的薄皮，内陷中还有冰糖、菊脯核桃仁等衬料，吃起来，脆而不硬，油而不腻，清香爽口。

大救驾（张灿强/摄）

（7）八公山豆腐及豆腐产品　豆腐中质量最好的数寿县大泉村一带，质嫩味美，又因其采用八公山泉水精制，其成品晶莹剔透，白似玉板、嫩若凝脂、质地细腻、清爽滑利，无黄浆水味，托也不散碎，故而名贯古今，久留盛名。由豆腐还演化出豆腐乳、豆腐干等产品。

豆腐菜肴（寿县文广新局/提供）

（三）
地方特产

（1）寿州紫金砚　八公山古时别名紫金山，山上盛产紫金砚石。紫金石，石色赤紫而质润泽。开掘紫金石制砚，始于汉，盛于唐。紫金石"质坚、润泽、发墨"三美丰韵天成，有红、黄、紫、绿、青、赭、黑等色，分为紫金、鱼子红、月白、黄金

紫金砚（寿县文广新局/提供）

带、紫金带、花斑、蟹壳青、金黄、碧玉、墨玉、黑子等十一种之多。早在西汉时期，紫金砚就成为文人墨客、王公贵族争相收藏的珍品。在唐朝已是宫廷贡品，台湾故宫博物院宫廷贡单列第一者即为紫金砚。

（2）板桥草席　寿县盛产席草，用席草编织的席子对人的健康非常有益。它具有吸湿性和放湿性，当温度较高时，可由无数气孔吸附湿气，如遇天气干燥时，似海绵状的席草内部自动释放出它储存的水分，起到空间湿度双循环作用，所以具有夏天凉爽，冬天不冰冷的舒适感。

板桥草席（张灿强/摄）

（3）瓦埠湖银鱼、瓦虾　寿州境内的池、塘、河、堰，星罗棋布，最有名的水产品，当数瓦埠湖出产的银鱼和白虾（又称"瓦虾"）。

银鱼。古称"蛤残鱼"，又称"银花""面条鱼"。内陆淡水鱼种，体细长约8～10厘米，近圆筒形，头扁，眼大，嘴尖；体柔软，无鳞，全身透明，呈乳白色；生命周期一年。含有丰富的蛋白质、钙、磷以及铁等营养元素。具有"利水、润肺、止咳"，"养肺阴和经脉"的功效，是一种高蛋白、低脂肪食品，最适宜捕捞后立即烹煮食用，由于肉质娇嫩，不易久存，市场上多见冷冻鲜银鱼、银鱼干，可以做成炒菜、烩菜、汤菜等许多种佳肴。

瓦埠湖银鱼（林伟/摄）

瓦虾。瓦埠湖所产的白虾，于江淮地区久负盛名。在清代曾被列为贡品，是"御膳"所用之物。为了区别于一般白虾，就特地另取一名被称做"瓦虾"。瓦虾体长5～8厘米，甲壳呈银白色，略显晶莹之光，肚腹上有一道浅褐色细条纹。甲壳薄、肉满、细嫩。它与一般海虾、河虾最大的不同之处，就是烹煮后外皮不会变红，仍然白洁如玉。可生食，亦可烹制，还可以制成干虾、虾仁、虾片、虾酱等。

（4）寿州香草 寿州香草又称离乡草，与沉香、麝香、檀香、龙涎香并称五大顶级香料。香草之气，清雅馥郁，尤其是远在他乡、奔波在外之人，或在夜深人静、或在阴雨绵绵之时，其香味幽幽袭来，直达心扉深处，油然产生对故乡、对亲人深深的思念，这也是离乡草真正的内涵。

寿州香草饰品（戚士章/摄）

（四）
交通情况

（1）从合肥乘客车经"合淮阜"高速到寿县站下即到，约60分钟路程；

（2）从六安乘客经"六寿"公路到寿县站下即到，约70分钟路程；

（3）从淮南乘1、2、3、5、6、8、9、12、13、18、20、24、26、28、30、31、110、112、121、122、127路公共汽车均可到达。

附录2　大事记

公元前613—591年（春秋）	为减轻旱、涝灾害，楚国令尹孙叔敖选择低洼湖沼地带，将淮南丘陵之水汇集，建成人工水库芍陂，即安丰塘。据《水经注》记载，最初"陂有五门，吐纳川流"，其中四门进水，一门泄水。 淮南地区逐渐成为楚国在东方的经济中心，寿春城因安丰塘灌区的经济发展和交通便利而兴盛。
公元前241年（战国）	楚考烈王迁都寿春。至汉武帝元狩元年（公元前122年）之前，寿春一直是淮南王之都。寿春城成为全国仅次于长安、洛阳，而与成都、邯郸、临淄等齐名的二十来个都会之一。汉武帝元狩元年（公元前122年）起，寿春为九江郡治所，九江郡属扬州刺史部。
公元前109年（西汉）	全国掀起水利建设高潮，安丰塘灌区时属九江郡寿春县，引淮河支流沘水、肥水，《汉书·理志》首次记载"芍陂"的名称。
东汉初（公元25年起）	安丰塘年久失修，陂废。
公元83年（东汉）	王景主持修陂，并教人民采用先进的犁耕技术，生产工具有所改进"由是垦辟倍多，境内丰给"，"又训令蚕织"，使得农业生产大大发展。并可进行水产养殖，渔业得到发展，淮南地区的经济也获得进一步发展。
公元200年（东汉）	东汉末年，军阀割据，社会经济遭严重破坏。曹操为扩大实力，消灭敌对势力，在其所控制的范围内大力推行屯田。刘馥为扬州刺史（治合肥），招抚流亡，"广屯田，兴治芍陂及茹陂、七门、吴塘诸竭，以溉稻田，官民有蓄"，开淮南屯田之先河，使江淮之间破败的经济开始恢复。
公元209年（东汉）	曹操驻毕台肥，"置郡县长吏，开芍陂屯田"。仓慈继刘馥之后主治陂工作，"淮南为田赋之本"，成为曹魏政权重要的物资供应区之一。

公元241—243年 （三国）	邓艾受命行陈、项以东至寿春，在淮河南北大兴水利，广开屯田，筹措军资，为灭吴作准备。屯田期间，重点整修了芍陂，"淤者疏之，滞者簿之"，"复于芍北堤凿大香水门，开渠引水直达城壕，以增灌溉，通漕运"。 吴赤乌四年、魏正始二年（公元241年）四月，吴分兵四路大举攻魏：全琮攻淮南，决芍陂，与魏征东将军王凌、扬州刺史孙礼等战，琮败走。
公元274年（晋）	武帝司马炎为巩固政权曾修新渠、富春、游陂三渠，"凡溉田千五百顷"。
公元280—289年 （晋）	刘颂除淮南相，"旧修芍陂，年用数万人，豪强兼并，孤贫失业。颂使大小戮力，计功受分，百姓歌其平惠"。
东晋	因灌区连年丰收，在芍陂所在地置安丰县，故更名为安丰塘。 后因南北朝对峙，芍陂受南北割据影响，久失治理，至东晋末年，灌溉面积已经明显缩小。
公元417年（晋）	宋武帝刘裕（南朝宋）将伐羌，"先遣（毛）修之复芍陂，起田数千顷"。
公元430—433年 （南北朝）	刘义欣镇寿，遣殷肃治陂，疏源通流，引淠入陂，芍陂又兴。安丰塘一带成为南朝主要经济地区，寿春成为当时北方最大城市之一。 《水经注》"肥水"条下有记曰："水北径孙叔敖祠下"，可见孙公祠始建日最迟也不会晚于北魏。
公元581—604年 （隋）	隋统一中国后，寿州总管府长史赵轨在领导人民大修芍陂时对工程进行了改建。《隋书·赵轨传》云："芍陂旧有五门堰，芜秽不修，轨于是劝课人史，更开三十六门，灌田五千倾，人赖其利"。灌区内的灌溉网也逐渐形成和完善起来。
公元760年（唐）	据《文献通考》记载，肃宗时曾"于寿春置芍陂屯田，厥田沃野，大获其利。"
公元764年（唐）	为了扩大芍陂的灌溉效益，唐广德二年宰相元载曾在安丰塘东北开永乐渠，溉高原田。
五代（公元907— 960年）	五代更迭，战乱相连，豪右分占，盗决成风，芍陂大废。
公元960年以后 （宋）	李若谷申禁令，摘占田，复堤止决，芍陂又兴。
公元1031—1032年 （宋）	张旨知安丰县，"浚牌河三十里，疏泄支流入芍陂；为斗门，溉田数万顷，外筑堤，以备水患"。疏引渠、修斗门、外筑堤的统一治理方法，一直为后世所仿效。

公元1076年（宋）	王安石变法失败，芍陂被官僚豪强"占陂湖为田"的情况渐趋严重。
公元1284年（元）	世祖派二千兵在芍陂试行屯田，当年布种二千石，获粳糯二万五千余石，产量不低。因此，第二年又增派二千兵往屯。
公元1286年（元）	至元二十三年正式设立芍陂屯田万户府。芍陂屯相洪泽屯（屯田三万五千顷）岁收米数千万斛，芍陂屯户达一万四千八百多，至元末一直不废。
公元1394年（明洪武）	朱元璋为巩固统治，命令工部修治全国的陂塘湖堰，派人"偏诣天下，督修水利"。
公元1414年（明永乐）	寿县庶民毕兴祖上书请修芍陂。户部尚书邝埜驻寿州，从蒙城、霍山征调两万民工，修整了芍陂的十六座水门和从牛角铺到新仓铺之间一万三千五百余丈堤岸。
公元1471—1487年（明成化）	顽民董元等始行窃据开占，上自贤姑墩，下至双门铺，塘之上界奚占成田。 明成化十九年（公元1483年），御史魏璋重修孙公祠。明成化二十二年（公元1486年），知州刘概增葺之。
公元1547—1549年（明嘉靖）	明嘉靖二十六年（公元1547年），知州栗永禄复修孙公祠，规模略具，殊难壮观。 公元1549年知州栗永禄，退以新沟之，建排水闸4座，疏斗门36座，一年功成。继董元之后，顽民彭邦等窃据界沟以北至沙涧铺一带，陂之中界又悉占成田。
公元1618年（明万历）	明万历前后48年，芍陂迭经兴废，滴水不蓄者十有余年，万历46年（公元1618年）孙文林修芍陂，水利复兴。
公元1653—1655年（清顺治）	公元1653年，李大升治陂，疏河整堤，筑新仓枣子二门，整顿泄水闸，是岁苦旱，唯安丰有秋。 清顺治十二年（公元1655年），知州李大升以祠简陋，改建大殿在大树南，祠无厦楣，兀然于野。
公元1698—1701年（清康熙）	公元1698年，州佐颜伯珣用六年时间督修芍陂。 清康熙四十年（公元1701年），颜伯珣改修孙公祠大殿在树北。
公元1731年（清雍正）	知州饶荷禧集环塘士民公议，创修众兴滚坝，再修凤凰、皂口两闸，省废设在北堤上的文运闸和龙王庙闸。
公元1772年（清乾隆）	陈韶奉命查修诸陂，请帑银13 000刃，重加补堤疏源，郑基主办众兴滚水坝加固和凤凰、皂口两闸改建工作，4月功竞。"其后遇旱，独凤台、寿州秋成稔于他县，以水利修也"。

公元1786—1787年 （清光绪）	光绪即位时，芍陂年久失修，连年欠收，光绪两年（公元1787年）大旱，赤地两千里，寿亦失收，乃以两代久辰，整修芍陂，五月而工竣。
民国时期	军阀割据混战，政治腐败，虽然有"塘工委员会"，但经常被豪强把持。堤坝因而年久失修，大都残破。剩下的三处防水闸堤和二十八座放水斗门大都损坏。水源一断一少，引淠河水的渠道基本已经湮塞，常因缺水灌溉，形成旱灾。
公元1949年起 （中华人民共和国）	孙公祠作为戈店小学使用。（直至1986年）
公元1950年	新中国成立初期安丰塘堤坝、斗门毁坏，蓄水甚少。1950年遇洪水，安丰塘损毁严重。
公元1951—1953年	安丰塘进行新中国成立后第一次修整，开挖疏浚引淠渠道和塘河，在鲍新集附近，淠河上筑坝截留，引水60m²/s，蓄水量增加到3 600万m³。此后，又陆续增高塘堤，修理涵闸。
公元1954—1955年	大水后增堤修闸，将环塘斗门28座合并为24座，加固众兴滚水坝，疏通淠源河，蓄水量达到4000万m³，灌溉面积也增加到20万亩。
公元1957—1958年	皖西淠史杭工程开始兴建。挖淠东干渠（长达130余里）引水入塘，彻底解决水源不足的问题。从此，佛子岭、响洪甸、磨子潭水库的水经淠河总干渠由淠东进水闸源源不断流进淠东干渠注入安丰塘，结束了历史上引淠渠道经常淤塞，龙穴山水常被阻断，塘内水源无保障的局面，蓄水量也增加到了6 000万m³。
公元1959年	安徽省文化局工作队曾在安丰塘越水坝附近，发掘出汉代水利工程——草土混合结构的堰坝遗址。出土遗物中有"都水官"铁锤，证明至少在汉代就曾设官管理此陂。出土的铁制和铜制工具、陶器、都水官铁锤等共800余件文物，部分在安徽省博物馆陈列。
公元1963—1965年	兴建块石护坡，续做塘堤工程，完成块石护坡4.2万立方米，护坡长度1.5万米，完成土方105万m³。至1965年，先后建成了正阳分干渠、堰口分干渠、石集分干渠、迎河分干渠。开挖大型支渠36条，斗、农、毛渠7 000多条，相应建成大小配套建筑物1万多座。
公元1976—1979年	兴建块石护坡及浆砌块石防浪墙，蓄水位提高到29.50米，蓄水量达8 400万m³；建双门节制闸，废扬仙节制闸。
公元1986年	安徽省人民政府公布安丰塘为安徽省重点文物保护单位。

公元1988年	国务院公布安丰塘为第三批全国重点文物保护单位，孙公祠是其重要组成。
公元1988年	建成面积为100余亩的塘中岛。
公元1988—1989年	安丰塘除险加固，全部拆除原干砌块石护坡，选用大块石、浆砌石和混凝土重建。
公元1995年	经县国资委批准将孙公祠产权划归寿县文物管理局使用。
公元1996—1998年	经国家文物局、省文物局批准对孙公祠古建筑群进行全面维修，同时，国家文物局一次性拨款80万元用于对该古建筑群进行修缮。1997年底，维修工程竣工。1998年安丰塘史记陈列展正式对外开放。
公元1998—2001年	安丰塘除险加固，兴建混凝土护坡和浆砌石防浪墙。
公元2006年	除险加固工程，主要建设内容为：堤身加培土方、堤身锥孔灌浆、砼护坡工程、防浪墙工程、新（重）建及维修进出水闸、重建及维修放水涵闸及堤顶新修防汛道路等工程项目。
公元2007年	报请省文物局批准，原孙公祠更名为孙叔敖纪念馆。
公元2008年	孙叔敖纪念馆对外进行免费开放。 建成面积为300余亩的塘中岛。
公元2013年	河北省古代建筑保护研究所完成《寿县安丰塘孙公祠保护工程设计方案》，同年孙公祠完成修缮工作。
公元2014年	9月18日，寿县人民政府颁布《寿县芍陂及灌区农业系统保护管理办法》。
公元2015年	安丰塘申报"世界灌溉工程遗产"，国际灌排委员会在法国蒙彼利埃召开第66届国际执行理事会，于当地时间10月12日晚全体会议上公布芍陂（安丰塘）被正式列入"世界灌溉工程遗产"名录，11月17日，第三批中国重要农业文化遗产发布活动在江苏省泰兴市举行，寿县芍陂（安丰塘）及灌区农业系统补国家农业部授予"中国重要农业文化遗产"。
公元2016年	4月15日，全球重要农业文化遗产申报陈述会在北京召开，程俊华县长率团参会并亲作陈述答辩，芍陂（安丰塘）及灌区农业系统申报全球重要农业文化遗产被列入全国预备名单前10名。

附录3 全球/中国重要农业文化遗产名录

1. 全球重要农业文化遗产

2002年，联合国粮农组织（FAO）发起了全球重要农业文化遗产（Globally Important Agricultural Heritage Systems, GIAHS）保护项目，旨在建立全球重要农业文化遗产及其有关的景观、生物多样性、知识和文化保护体系，并在世界范围内得到认可与保护，使之成为可持续管理的基础。

按照FAO的定义，GIAHS是"农村与其所处环境长期协同进化和动态适应下所形成的独特的土地利用系统和农业景观，这些系统与景观具有丰富的生物多样性，而且可以满足当地社会经济与文化发展的需要，有利于促进区域可持续发展。"

截至2017年3月底，全球共有16个国家的37项传统农业系统被列入GIAHS名录，其中11项在中国。

全球重要农业文化遗产（37项）

序号	区域	国家	系统名称	FAO批准年份
1	亚洲	中国	中国浙江青田稻鱼共生系统 Qingtian Rice–Fish Culture System, China	2005
2			中国云南红河哈尼稻作梯田系统 Honghe Hani Rice Terraces System, China	2010
3			中国江西万年稻作文化系统 Wannian Traditional Rice Culture System, China	2010

续表

序号	区域	国家	系统名称	FAO批准年份
4	亚洲	中国	中国贵州从江侗乡稻-鱼-鸭系统 Congjiang Dong's Rice–Fish–Duck System, China	2011
5			中国云南普洱古茶园与茶文化系统 Pu'er Traditional Tea Agrosystem, China	2012
6			中国内蒙古敖汉旱作农业系统 Aohan Dryland Farming System, China	2012
7			中国河北宣化城市传统葡萄园 Urban Agricultural Heritage of Xuanhua Grape Gardens, China	2013
8			中国浙江绍兴会稽山古香榧群 Shaoxing Kuaijishan Ancient Chinese *Torreya*, China	2013
9			中国陕西佳县古枣园 Jiaxian Traditional Chinese Date Gardens, China	2014
10			中国福建福州茉莉花与茶文化系统 Fuzhou Jasmine and Tea Culture System, China	2014
11			中国江苏兴化垛田传统农业系统 Xinghua Duotian Agrosystem, China	2014
12		菲律宾	菲律宾伊富高稻作梯田系统 Ifugao Rice Terraces, Philippines	2005
13		印度	印度藏红花农业系统 Saffron Heritage of Kashmir, India	2011
14			印度科拉普特传统农业系统 Traditional Agriculture Systems, India	2012
15			印度喀拉拉邦库塔纳德海平面下农耕文化系统 Kuttanad Below Sea Level Farming System, India	2013

序号	区域	国家	系统名称	FAO批准年份
16	亚洲	日本	日本能登半岛山地与沿海乡村景观 Noto's Satoyama and Satoumi, Japan	2011
17			日本佐渡岛稻田–朱鹮共生系统 Sado's Satoyama in Harmony with Japanese Crested Ibis, Japan	2011
18			日本静冈传统茶–草复合系统 Traditional Tea–Grass Integrated System in Shizuoka, Japan	2013
19			日本大分国东半岛林–农–渔复合系统 Kunisaki Peninsula Usa Integrated Forestry, Agriculture and Fisheries System, Japan	2013
20			日本熊本阿苏可持续草地农业系统 Managing Aso Grasslands for Sustainable Agriculture, Japan	2013
21			日本岐阜长良川流域渔业系统 The Ayu of Nagara River System, Japan	2015
22			日本宫崎山地农林复合系统 Takachihogo–Shiibayama Mountainous Agriculture and Forestry System, Japan	2015
23			日本和歌山青梅种植系统 Minabe–Tanabe Ume System, Japan	2015
24		韩国	韩国济州岛石墙农业系统 Jeju Batdam Agricultural System, Korea	2014
25			韩国青山岛板石梯田农作系统 Traditional Gudeuljang Irrigated Rice Terraces in Cheongsando, Korea	2014
26		伊朗	伊朗喀山坎儿井灌溉系统 Qanat Irrigated Agricultural Heritage Systems of Kashan, Iran	2014

续表

序号	区域	国家	系统名称	FAO批准年份
27	亚洲	阿联酋	阿联酋艾尔与里瓦绿洲传统椰枣种植系统 Al Ain and Liwa Historical Date Palm Oases, the United Arab Emirates	2015
28		孟加拉	孟加拉国浮田农作系统 Floating Garden Agricultural System, Bangladesh	2015
29	非洲	阿尔及利亚	阿尔及利亚埃尔韦德绿洲农业系统 Ghout System, Algeria	2005
30		突尼斯	突尼斯加法萨绿洲农业系统 Gafsa Oases, Tunisia	2005
31		肯尼亚	肯尼亚马赛草原游牧系统 Oldonyonokie/Olkeri Maasai Pastoralist Heritage Site, Kenya	2008
32		坦桑尼亚	坦桑尼亚马赛游牧系统 Engaresero Maasai Pastoralist Heritage Area, Tanzania	2008
33			坦桑尼亚基哈巴农林复合系统 Shimbwe Juu Kihamba Agro-forestry Heritage Site, Tanzania	2008
34		摩洛哥	摩洛哥阿特拉斯山脉绿洲农业系统 Oases System in Atlas Mountains, Morocco	2011
35		埃及	埃及锡瓦绿洲椰枣生产系统 Dates Production System in Siwa Oasis, Egypt	2016
36	南美洲	秘鲁	秘鲁安第斯高原农业系统 Andean Agriculture, Peru	2005
37		智利	智利智鲁岛屿农业系统 Chiloé Agriculture, Chile	2005

2. 中国重要农业文化遗产

我国有着悠久灿烂的农耕文化历史，加上不同地区自然与人文的巨大差异，创造了种类繁多、特色明显、经济与生态价值高度统一的重要农业文化遗产。这些都是我国劳动人民凭借独特而多样的自然条件和他们的勤劳与智慧，创造出的农业文化的典范，蕴含着天人合一的哲学思想，具有较高的历史文化价值。农业部于2012年开始中国重要农业文化遗产发掘工作，旨在加强我国重要农业文化遗产的挖掘、保护、传承和利用，从而使中国成为世界上第一个开展国家级农业文化遗产评选与保护的国家。

中国重要农业文化遗产是指"人类与其所处环境长期协同发展中，创造并传承至今的独特的农业生产系统，这些系统具有丰富的农业生物多样性、传统知识与技术体系和独特的生态与文化景观等，对我国农业文化传承、农业可持续发展和农业功能拓展具有重要的科学价值和实践意义。"

截至2017年3月底，全国共有62个传统农业系统被认定为中国重要农业文化遗产。

中国重要农业文化遗产（62项）

序号	省份	系统名称	农业部批准年份
1	北京	北京平谷四座楼麻核桃生产系统	2015
2		北京京西稻作文化系统	2015
3	天津	天津滨海崔庄古冬枣园	2014
4	河北	河北宣化城市传统葡萄园	2013
5		河北宽城传统板栗栽培系统	2014
6		河北涉县旱作梯田系统	2014
7	内蒙古	内蒙古敖汉旱作农业系统	2013
8		内蒙古阿鲁科尔沁草原游牧系统	2014
9	辽宁	辽宁鞍山南果梨栽培系统	2013
10		辽宁宽甸柱参传统栽培体系	2013
11		辽宁桓仁京租稻栽培系统	2015

序号	省份	系统名称	农业部批准年份
12	吉林	吉林延边苹果梨栽培系统	2015
13	黑龙江	黑龙江抚远赫哲族鱼文化系统	2015
14		黑龙江宁安响水稻作文化系统	2015
15	江苏	江苏兴化垛田传统农业系统	2013
16		江苏泰兴银杏栽培系统	2015
17	浙江	浙江青田稻鱼共生系统	2013
18		浙江绍兴会稽山古香榧群	2013
19		浙江杭州西湖龙井茶文化系统	2014
20		浙江湖州桑基鱼塘系统	2014
21		浙江庆元香菇文化系统	2014
22		浙江仙居杨梅栽培系统	2015
23		浙江云和梯田农业系统	2015
24	安徽	安徽寿县芍陂（安丰塘）及灌区农业系统	2015
25		安徽休宁山泉流水养鱼系统	2015
26	福建	福建福州茉莉花与茶文化系统	2013
27		福建尤溪联合梯田	2013
28		福建安溪铁观音茶文化系统	2014
29	江西	江西万年稻作文化系统	2013
30		江西崇义客家梯田系统	2014
31	山东	山东夏津黄河故道古桑树群	2014
32		山东枣庄古枣林	2015
33		山东乐陵枣林复合系统	2015
34	河南	河南灵宝川塬古枣林	2015
35	湖北	湖北赤壁羊楼洞砖茶文化系统	2014
36		湖北恩施玉露茶文化系统	2015

续表

序号	省份	系统名称	农业部批准年份
37	湖南	湖南新化紫鹊界梯田	2013
38		湖南新晃侗藏红米种植系统	2014
39	广东	广东潮安凤凰单丛茶文化系统	2014
40	广西	广西龙胜龙脊梯田系统	2014
41		广西隆安壮族"那文化"稻作文化系统	2015
42	四川	四川江油辛夷花传统栽培体系	2014
43		四川苍溪雪梨栽培系统	2015
44		四川美姑苦荞栽培系统	2015
45	贵州	贵州从江侗乡稻-鱼-鸭系统	2013
46		贵州花溪古茶树与茶文化系统	2015
47	云南	云南红河哈尼稻作梯田系统	2013
48		云南普洱古茶园与茶文化系统	2013
49		云南漾濞核桃-作物复合系统	2013
50		云南广南八宝稻作生态系统	2014
51		云南剑川稻麦复种系统	2014
52		云南双江勐库古茶园与茶文化系统	2015
53	陕西	陕西佳县古枣园	2013
54	甘肃	甘肃皋兰什川古梨园	2013
55		甘肃迭部扎尕那农林牧复合系统	2013
56		甘肃岷县当归种植系统	2014
57		甘肃永登苦水玫瑰农作系统	2015
58	宁夏	宁夏灵武长枣种植系统	2014
59		宁夏中宁枸杞种植系统	2015
60	新疆	新疆吐鲁番坎儿井农业系统	2013
61		新疆哈密哈密瓜栽培与贡瓜文化系统	2014
62		新疆奇台旱作农业系统	2015